BIBLIOTHÈQUE DES ÉCOLES RURALES

COURS ÉLÉMENTAIRE D'HORTICULTURE

PAR

F. BONCENNE

Juge au Tribunal civil de Fontenay (Vendée), Officier d'Académie
Membre de la Société impériale et centrale
d'Horticulture de la Seine, Membre honoraire de la Société d'Horticulture de Nantes
et Membre correspondant de plusieurs Sociétés savantes

DEUXIÈME ANNÉE

ORGANISATION DES VÉGÉTAUX LIGNEUX
PÉPINIÈRES — MULTIPLICATION — PLANTATIONS — TAILLE
DES ARBRES A FRUITS — CULTURE DE LA VIGNE

DEUXIÈME ÉDITION

PARIS
LIBRAIRIE AGRICOLE DE LA MAISON RUSTIQUE
26, RUE JACOB, 26

BIBLIOTHÈQUE DES ÉCOLES RURALES

COURS ÉLÉMENTAIRE
D'HORTICULTURE

PAR

F. BONCENNE

Juge au Tribunal civil de Fontenay (Vendée), Officier d'Académie,
Membre de la Société impériale et centrale
d'Horticulture de la Seine, Membre honoraire de la Société d'Horticulture de Nantes,
et Membre correspondant de plusieurs Sociétés savantes.

DEUXIÈME ANNÉE

ORGANISATION DES VÉGÉTAUX LIGNEUX
PÉPINIÈRES — MULTIPLICATION — PLANTATIONS — TAILLE
DES ARBRES A FRUIT — CULTURE DE LA VIGNE

DEUXIÈME ÉDITION

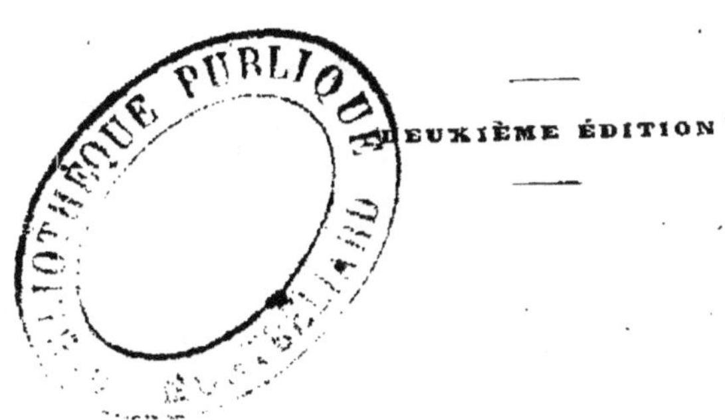

PARIS
LIBRAIRIE AGRICOLE DE LA MAISON RUSTIQUE
26, RUE JACOB, 26

1861

PARIS. — IMP. SIMON RAÇON ET COMP., RUE D'ERFURTH, 1.

COURS ÉLÉMENTAIRE

D'HORTICULTURE

SECONDE PARTIE

RÉFLEXIONS PRÉLIMINAIRES

Mes amis, je vous apporte dans cette seconde partie des observations nouvelles, des études d'un autre genre, qui vous intéresseront, je l'espère, et vous seront aussi utiles que celles auxquelles vous vous êtes déjà livrés.

Nous avons vu d'abord les principes généraux du jardinage; nous avons examiné surtout les plantes herbacées ou sous-ligneuses, les légumes, les fleurs; nous allons étudier maintenant les végétaux ligneux, les arbrisseaux et les arbres. Nous allons voir notamment comment on doit planter, multiplier, tailler ceux dont on veut améliorer et recueillir les fruits.

Saint Bernard a dit quelque part : « Les chênes et les hêtres sont nos précepteurs. Il est certain que les relations directes avec la nature sont remplies d'enseignements salutaires. L'étude des arbres est un grand moyen de moralisation. »

L'arbre, en effet, est le terme le plus élevé, le plus parfait de la vie végétale ; il l'emporte sur les autres plantes par sa taille élancée, son port, sa vigueur, sa durée ; par la beauté de ses fleurs, par l'utilité de son bois et de ses fruits.

Quoi de plus majestueux que ces géants de nos forêts, dont les cimes touchent le ciel, dont les bras puissants s'étendent au loin et protégent les plantes qui croissent sous leur ombre ?

Quoi de plus admirable que ces arbres tantôt couverts de fleurs, tantôt courbant leurs branches sous le poids de leurs fruits savoureux ?

Quoi de plus gracieux, enfin, que ces arbrisseaux toujours verts, toujours fleuris, qui récréent la vue et servent d'ornement à nos habitations ?

Ce sont des lilas taillés en boules, couverts de thyrses odorants ; des rosiers que votre main a greffés et qui forment devant votre demeure une guirlande de splendides bouquets ; c'est la glycine qui s'élance jusque sur le toit et laisse retomber en festons ses grappes parfumées.

Le soir, assis à votre porte, sur la pierre où s'asseyaient vos aïeux, vous contemplez toutes ces merveilles, vous goûtez cette joie tranquille et pure qui prépare une nuit sans remords.

Le matin, dès l'aube du jour, vous parcourez votre verger, vous comptez vos fruits, vous suivez avec intérêt leur accroissement rapide ; puis vous vous mettez à l'ouvrage, et si, vers le milieu de sa course, le soleil vous force à fuir un instant l'ardeur de ses rayons, vous allez goûter un peu de repos sous ce grand chêne, au pied duquel est attachée la barrière de votre petit pré.

Vous dirai-je maintenant à combien d'usages on emploie le tronc, les branches et les diverses parties de nos grands arbres ? Voyez le feu qui petille au foyer ; voyez ces meubles élégants, ces ustensiles de toutes sortes ; voyez la charpente de nos édifices ; voyez enfin ces vaisseaux voguant sur les eaux ;

CHAPITRE PREMIER

ORGANISATION DES VÉGÉTAUX LIGNEUX

PREMIÈRE LEÇON

GERMINATION DES VÉGÉTAUX LIGNEUX. — RACINES. — BRANCHES,
RAMEAUX ET FEUILLES.

Germination des végétaux ligneux. — La germination
des végétaux ligneux a lieu de la même manière que celle des
plantes herbacées : ainsi, lorsque vous sèmerez la graine d'un
poirier, d'un cerisier, d'un amandier, vous verrez toujours
l'embryon se gonfler, rompre ses enveloppes, pour donner
passage d'un côté à la racine, qui s'enfonce dans la terre, tandis que de l'autre la tige s'élance vers les cieux, entraînant avec
elle les feuilles séminales ou *cotylédons*.

Je crois inutile de revenir ici sur tout ce que j'ai dit à ce
sujet dans la première partie ; cependant je dois vous faire
observer que, dans quelques espèces d'arbres, les cotylédons
ne suivent pas toujours la tige ; celle-ci se développe et sort
immédiatement, tandis que les cotylédons restent en terre, où
ils se décomposent peu à peu et finissent par disparaître : c'est
ce qui arrive pour le châtaignier, le noyer, etc., etc. Il ne faut
pas croire, dans ce cas, que ces arbres n'ont pas de cotylédons; il faut se garder surtout de les confondre avec les monocotylédonés[1], qui n'ont qu'un seul cotylédon, tels que les
palmiers et autres végétaux du même genre, dont la tige s'é-

---

[1] *Première année*, page 52.

tantôt pour porter au delà des mers le commerce, la civilisation et les lois du Christ, tantôt, véritables citadelles hérissées de canons, pour porter aux rives ennemies la guerre, la dévastation et la mort.

Vous montrerai-je encore ces arbres fruitiers dont la main de l'homme a su changer la nature et la forme? Ici, c'est l'amandier qui produit des pêches ; là, c'est le coignassier qui porte des poires ; plus loin, c'est un prunier sauvage qui se pare d'abricots ou de prunes succulentes. La tige et les branches, habilement dirigées, tantôt s'élèvent en pyramide, tantôt s'arrondissent et se creusent comme un vase élégant, tantôt enfin s'étalent en éventail sur les murs ou sur les treillages.

Pour obtenir ces divers résultats, on se livre à des opérations pratiques, basées elles-mêmes sur des théories qu'il faut étudier et connaître. Ainsi, quand vous ferez un semis, une plantation, une marcotte, quand vous grefferez, quand vous taillerez surtout, vous aurez constamment à appliquer les principes de physiologie végétale que vous avez déjà vus et sur lesquels nous reviendrons quelquefois pour éclairer nos démonstrations.

Pourriez-vous, en effet, cultiver et conduire des arbres, si vous ne saviez comment ils sont organisés, comment ils vivent, comment la séve monte et circule depuis les racines jusqu'au bout des feuilles? Figurez-vous un chirurgien ou un médecin qui voudrait opérer ou guérir ses malades sans connaître l'anatomie et les lois de la circulation du sang.

Vous le voyez, toute science pratique doit s'appuyer sur une théorie; toute opération doit avoir pour base une cause, un raisonnement qui nous dirige et nous fait agir. En un mot, l'homme qui se dit agriculteur ou jardinier sans avoir étudié l'organisation des végétaux, sans avoir suivi avec attention les phénomènes de leur existence, se trompe et trompe surtout ceux dont il obtient la confiance. Il pourra, par le hasard et la routine, obtenir quelque réussite ; mais en général, n'en doutez pas, il aura vingt déceptions pour un succès.

lance du centre de l'embryon, sous la forme d'une feuille unique. La tige, les feuilles, les organes mêmes, ne ressemblent pas aux tiges, aux feuilles et aux organes de nos végétaux dicotylédonés. Je reviendrai sur ces différences lorsque je parlerai de leur organisation intérieure.

Racines. — La petite racine ou radicule, une fois sortie de son enveloppe, s'enfonce rapidement dans le sol, sous la forme d'un pivot qui s'allonge, grossit et devient ligneux; elle prend alors le nom de *racine* ou *pivot*[1]; bientôt elle produit dans toutes les directions, à partir du collet, d'autres racines qui deviennent elles-mêmes ligneuses et donnent naissance à une multitude de petites radicelles qu'on nomme *chevelu*. Ces radicelles sont les dernières divisions de la racine principale; elles restent toujours molles et flexibles, leur extrémité se termine par les spongioles, et c'est par ce point extrême que l'arbre puise dans le sol les fluides nécessaires à son existence.

On appelle *collet*, vous le savez déjà, la partie intermédiaire qui se trouve à fleur de terre : partie qui n'est plus la racine, et qui n'est pas encore la tige. En un mot, c'est le point d'intersection où commence la racine, qui se dirige vers le centre de la terre, et d'où part la tige, qui s'élance vers les cieux.

Branches, rameaux et feuilles. — La tige, d'abord herbacée, se durcit, s'allonge, grossit comme la racine principale, forme le tronc et produit des branches, des rameaux et des feuilles.

Partant, en effet, du sommet de cette tige pour descendre à la base, nous trouvons le bouton terminal, qui s'épanouit au printemps et prend le nom de *bourgeon*; il produit des feuilles, s'allonge pendant tout le temps de la végétation, puis, vers la fin de l'automne, lorsqu'il a cessé de s'accroître en longueur, nous apercevons au sommet et à l'aisselle de chaque feuille un bouton bien formé : c'est alors que ce prolongement devient un *rameau*. Dès le printemps suivant, les boutons placés sur

---

[1] *Première année*, pages 16-17.

le rameau donnent naissance à de nouveaux bourgeons qui
s'allongent à leur tour, et, lorsque leur développement s'arrête, ils reçoivent aussi la dénomination de *rameau*, tandis que
le rameau de l'année précédente, qui les supporte, prend le
nom de *branche*.

Enfin, le pied central d'où partent ces diverses ramifications
s'appelle *tronc* ou tige principale.

DEUXIÈME LEÇON

TRONC OU TIGE. — CLASSIFICATION DES VÉGÉTAUX LIGNEUX.

Tronc. — Le tronc d'un arbre est donc cette partie qui,
naissant du collet, s'élève à une certaine hauteur et supporte
les branches, les rameaux, les feuilles, etc.

STRUCTURE INTÉRIEURE (grav. 1). — Coupons-le transversale-
ment pour en étudier la structure intérieure.

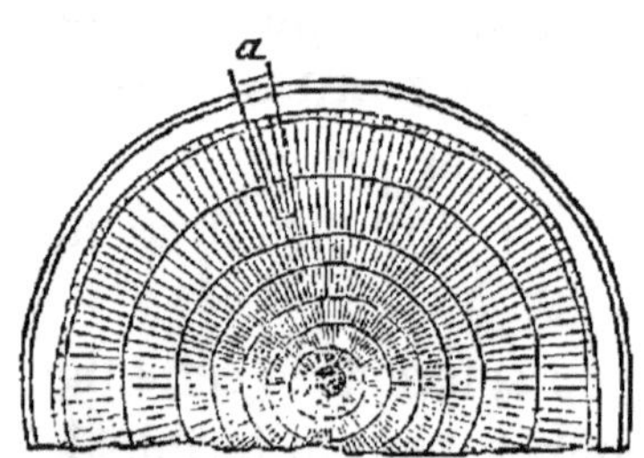

Grav. 1. — Structure intérieure du tronc.

Canal de la moelle. — Au centre, nous voyons un canal
cylindrique : c'est le *canal de la moelle*, qui se prolonge d'une
manière continue depuis le pivot de la racine jusqu'au sommet de la tige. Il est rempli par un tissu lâche, diaphane : c'est
la *moelle*.

Corps ligneux. — Après le canal de la moelle, en nous dirigeant vers la circonférence, nous trouvons d'abord le *corps ligneux* : ce sont des couches concentriques de bois, placées l'une sur l'autre ; chaque couche est le produit de la végétation pendant un an.

Aubier. — Nous remarquons ensuite une partie également ligneuse, mais plus blanche et moins dure : c'est l'*aubier*. La couche la plus rapprochée du corps ligneux se transforme chaque année en bois parfait, tandis qu'une nouvelle couche plus tendre est ajoutée à la circonférence.

Écorce. — Enfin le tout est recouvert, enveloppé par une dernière partie, qui est la plus extérieure et qu'on désigne sous le nom d'*écorce*.

Tissu cellulaire, tissu vasculaire. — Mais de quoi se composent elles-mêmes ces couches ligneuses plus ou moins dures ?

Si vous les coupez verticalement et si vous les examinez attentivement à l'aide d'un microscope, vous verrez qu'elles sont formées par la réunion de petits tubes ou vaisseaux qui se réunissent de distance en distance par faisceaux et se séparent ensuite pour se réunir de nouveau et former ainsi une espèce de réseau dont les mailles sont très-allongées. Chacune de ces mailles est remplie par une foule de petites cellules juxtaposées qu'on pourrait comparer à l'écume de l'eau de savon, quand elle vient d'être agitée : c'est ce qu'on appelle le *tissu cellulaire*. On le retrouve dans toutes les parties molles des arbres ; la moelle en est entièrement formée. Quant à l'assemblage des tubes ou vaisseaux formant des mailles plus ou moins allongées, il se nomme *tissu vasculaire*.

Dans les arbres qui naissent avec deux cotylédons, on trouve presque toujours l'assemblage du tissu cellulaire et du tissu vasculaire. Dans les végétaux qui n'ont qu'un seul cotylédon, on ne voit que le tissu vasculaire.

Classification des végétaux ligneux. — Cette différence d'organisation devait fixer l'attention des physiologistes, aussi l'ont-ils étudiée avec soin et en ont-ils fait le point de départ de leurs classifications modernes.

On admet presque généralement aujourd'hui que les végétaux pourvus de tiges et de feuilles peuvent se diviser en deux grandes séries :

1° Les *dicotylédonés*, où se trouvent réunis le tissu vasculaire et le tissu cellulaire;

2° Les *monocotylédonés*, qui sont uniquement formés par le tissu vasculaire.

DICOTYLÉDONÉS. — La tige des *dicotylédonés* croît en grosseur de l'extérieur à l'intérieur, c'est-à-dire que la couche d'aubier la plus près de l'écorce est toujours la plus récente. On peut remarquer en outre que la racine est pivotante et se compose des mêmes éléments que la tige, dont le centre est toujours occupé par le canal de la moelle; enfin, que les feuilles sont pourvues d'une nervure médiane d'où partent des nervures secondaires qui se ramifient et forment une charpente plus ou moins régulière.

MONOCOTYLÉDONÉS. — Dans les tiges *monocotylédonées* l'accroissement s'opère de l'intérieur à l'extérieur. Leurs racines ne pivotent pas, elles n'ont point de canal médullaire, et leurs feuilles, ordinairement longues, étroites, ne présentent que des nervures parallèles, allant de la base au sommet.

Nous avons peu de choses à dire des arbres monocotylédonés; la plupart se cultivent dans les serres et n'y produisent pas de fruits : tels sont les palmiers, les dracenas, etc.

ACOTYLÉDONÉS. — Une troisième série comprend les plantes *acotylédonées*, sans cotylédons, purement cellulaires, dépourvues de tiges et de feuilles, comme les champignons, les mousses, etc. Nous n'avons pas à nous en occuper ici.

ÉCORCE DES DICOTYLÉDONÉS. — Retournons donc aux dicotylédonés, parmi lesquels nous trouvons les arbres forestiers, les arbres fruitiers, la plupart des arbustes d'ornement, et, pour compléter cette seconde leçon, examinons ensemble les diverses parties et les fonctions de l'écorce qui enveloppe et recouvre, comme je l'ai dit ci-dessus, tout l'appareil de leurs tiges.

On divise l'écorce en quatre parties :

Liber. — La plus intérieure, celle qui est immédiatement en contact avec l'aubier, se nomme *liber*. Elle se compose d'un grand nombre de couches fibreuses, minces et flexibles, dont la réunion peut être comparée aux feuillets d'un livre. C'est pour cela, sans doute, qu'on lui donne le nom de *liber*.

Couches corticales, enveloppe herbacée. — Après le liber et seulement dans les arbres déjà vieux, se trouvent des couches desséchées et inertes qui se déchirent par suite du grossissement du tronc et présentent des aspérités plus ou moins régulières. Ce sont les *couches corticales*. Mais, dans les jeunes tiges et les jeunes branches, on rencontre, à la place de ces couches corticales, un tissu de couleur verdâtre, herbacé, composé de cellules, comme la moelle ; c'est ce qu'on appelle l'*enveloppe herbacée*.

Épiderme. — Enfin, toujours dans les jeunes tiges, on observe au delà de l'enveloppe herbacée, et tout à fait à l'extérieur, une couche mince et transparente, c'est l'*épiderme*.

L'écorce a des fonctions importantes dans la vie végétale : elle protége le corps ligneux ; reçoit une partie de la séve dans sa marche descendante ; se reforme d'elle-même lorsque, par un accident quelconque, elle a été enlevée ou déchirée en partie ; par elle, enfin, s'opère la soudure indispensable pour la reprise des greffes, de quelque façon qu'elles soient faites.

TROISIÈME LEÇON

DE LA SÉVE.

Séve. — On peut comparer la séve des arbres au sang des animaux. C'est, en effet, une substance qui, se portant successivement dans les diverses parties du végétal, va fournir à chacune d'elles les matériaux propres à sa nature et à son accroissement. Elle puise dans le sol, à l'aide des *spongioles*, ses principaux éléments; elle part alors des racines pour monter d'abord dans la tige et se répandre ensuite dans les branches, les rameaux et les feuilles. C'est ce qui produit l'accroissement en longueur.

A son départ, la séve, qu'il ne faut pas confondre avec les sucs propres des plantes, tels que les gommes, les résines, les sucs laiteux, etc., n'est qu'un liquide aqueux, contenant en dissolution les divers sels qu'il a puisés dans l'humidité du sol; mais, à mesure qu'elle monte, elle s'élabore, elle se décharge, d'un côté, de certains sucs nutritifs, se charge, de l'autre, des substances déjà déposées dans le végétal et se modifie nécessairement en proportion du chemin qu'elle a parcouru.

Rendue aux extrémités des branches et des feuilles, sa composition doit subir encore des changements par suite de l'évaporation et de la respiration; elle se condense, devient plus épaisse, tend à se coaguler. C'est alors qu'elle commence à redescendre pour concourir, par l'assimilation de ses diverses parties, à l'accroissement en grosseur du tronc, des racines et des branches.

La séve a donc une marche ascendante et une marche descendante; la séve ascendante s'appelle *séve brute*, la séve descendante prend le nom de *cambium*.

Mais comment et par où s'opère l'ascension? comment et par où s'opère la descente? Je vais tâcher de répondre à ces quatre questions.

COMMENT ET PAR OU MONTE LA SÉVE. — Pendant longtemps les physiologistes ont recherché les causes de l'ascension de la séve; ils ont expliqué ce phénomène de diverses manières. Les uns, par l'irritabilité des tissus, la capillarité, l'électricité; les autres, par les lois de l'équilibre dans les liquides, la chaleur, la perméabilité, la lumière, l'évaporation. Tout le monde avait raison, peut-être; néanmoins on a cru devoir reconnaître trois causes principales et naturelles, à savoir : 1° la *loi de l'équilibre dans les liquides*, ou *endosmose*; 2° la *capillarité*; 3° l'é*vaporation*.

Endosmose. — La *loi de l'équilibre dans les liquides*, ou *endosmose*, repose sur ce principe que le liquide le plus *dense* attire toujours à lui le liquide le moins dense [1]. Or les spongioles et les racines sont formées de cellules qui contiennent un liquide plus dense que l'humidité de la terre; donc l'humidité de la terre, attirée par le liquide des spongioles, doit s'infiltrer à travers leurs parois et se répandre, de proche en proche, dans toutes les racines, jusqu'au collet.

Capillarité. — Là, elle rencontre cette multitude de vaisseaux, de petits tubes qui forment le corps ligneux, et qui sont si fins, si déliés, qu'on peut les comparer à des cheveux. Elle monte alors et s'insinue dans ces tubes en raison d'une loi physique qu'on appelle la *capillarité*. Vous avez sans doute remarqué à quelle hauteur surprenante l'humidité remonte dans une corde dont l'extrémité inférieure est plongée dans l'eau. Eh bien, l'ascension de la séve se produit absolument de la même manière.

Évaporation. — Une troisième cause enfin vient contribuer à entretenir, à solliciter le mouvement ascensionnel. Cette séve liquide, une fois rendue au bout des branches, dans les rameaux, dans les feuilles, est soumise à l'*évaporation*. Or l'évaporation, jointe aux divers courants résultant de la chaleur, fait le vide et produit l'effet d'une pompe aspirante qui appelle sans cesse le liquide des parties inférieures vers les parties supérieures.

C'est ainsi qu'on explique l'ascension de la séve dans les végétaux.

Il est généralement reconnu, du moins en ce qui concerne les dicotylédonés, qu'elle ne monte ni par le canal de la moelle ni par les couches herbacées de l'écorce, mais seulement par le corps ligneux.

COMMENT ET PAR OU REDESCEND LA SÉVE. — Quant à la cause qui fait redescendre la séve, elle se comprend facilement. Ce li-

---

[1] Deux corps ayant un même volume, le plus dense est celui qui pèse le plus.

quide, en effet, une fois rendu aux extrémités des rameaux et des feuilles, n'a plus d'issue. Une quantité notable, il est vrai, se trouve absorbée par l'évaporation; mais ce qui reste doit nécessairement rétrograder, non par le même chemin, car, nous l'avons déjà dit, il a changé de nature et ne doit plus se mêler avec la séve ascendante; mais par les couches les plus extérieures de l'aubier et par celles du liber; puis, de là, il s'épanche lentement dans toutes les parties molles de l'écorce pour concourir à la formation des boutons, à la guérison des plaies, à la nourriture des bourgeons et à l'accroissement en diamètre. C'est alors qu'il prend le nom de *cambium*.

Ces premières leçons vous paraîtront sans doute un peu longues, un peu abstraites; j'ai pourtant fait tous mes efforts pour être le plus court et le plus clair possible; mais je ne pouvais négliger aucun de ces détails, desquels doivent découler les conséquences et les principes sur lesquels nous nous appuierons plus tard pour expliquer les opérations pratiques de la taille des arbres.

Ainsi, par exemple, nous dirons :

C'est par les spongioles que les racines puisent dans la terre les éléments de la séve. Il faut donc bien se garder, quand on plante un arbre, de couper, sous prétexte de rafraîchir les racines, celles qui n'ont pas été rompues, et surtout celles qui sont garnies de chevelu.

Autre principe : la séve, montant directement et verticalement de la base au sommet, se portera toujours avec plus de force dans une branche droite et verticale que dans celle qui sera courbée, soit par la nature, soit par la main de l'homme. Donc, si l'on a deux branches et si, dans l'une, on veut ralentir la marche de la végétation, tandis que, dans l'autre, on cherche à l'activer, on devra courber la première et redresser la seconde, si sa position est horizontale ou trop oblique.

Plus une branche a de rameaux, de boutons et de feuilles, plus l'évaporation est forte; plus il y a, dès lors, d'activité dans l'ascension de la séve. Appliquez encore ce principe à la taille, et vous direz : Si, sur le même arbre, je taille long une branche faible, je lui laisse une grande quantité de boutons, de parties vertes, de feuilles, de pompes aspirantes en un mot, qui attireront la séve : dès lors, je lui donne les moyens de se fortifier. Si je taille court une branche trop forte, je lui enlève ces mêmes moyens de pomper la séve : dès lors, je tends à l'affaiblir.

Vous voyez déjà, par ces exemples, que c'est à l'aide de principes généraux et théoriques qu'on arrive à démontrer l'utilité, l'opportunité de toutes les opérations destinées à modifier la végétation, la forme ou la fructification des arbres.

CHAPITRE II

PÉPINIÈRES, FRUITS ET GRAINES

QUATRIÈME LEÇON

LES PÉPINIÈRES.

Pépinières. — Presque tous les arbres, avant d'être plantés à demeure, sont multipliés et élevés dans un terrain spécial qu'on appelle *pépinière*.

Ce nom est évidemment tiré du mot *pepin* (semence de poire ou de pomme), parce qu'en effet on sème dans ces emplacements une grande quantité de pepins pour obtenir des sujets sur lesquels on greffe plus tard les espèces que l'on veut cultiver. Ces sortes d'établissements étaient connus des anciens : à Rome on les appelait *seminaria* ou séminaires, de *semen*, mot latin qui signifie semence.

Utilité des pépinières. — Les pépinières sont très-utiles pour la culture des plantes ligneuses. Certes, on pourrait, à la rigueur, semer les arbres en place : ils lèveraient et pousseraient à merveille, s'ils étaient entourés des soins nécessaires ; mais, dans la pratique, ce moyen serait le plus souvent impraticable. Comment obtenir, en effet, une plantation régulière ? Vous sèmerez à égale distance, mais toutes vos graines ne lèveront pas ; vous éprouverez des retards ; certaines espèces pousseront avec vigueur, tandis que d'autres se développeront lentement ; enfin, vos jeunes plants resteront longtemps exposés aux accidents qui peuvent les atteindre.

Dans la pépinière, au contraire, chaque espèce est semée à part, sur un sol qui lui convient ; les abris, les arrosements, les sarclages, les repiquages, sont exécutés en temps opportun. Chaque plant est entouré, dans sa jeunesse, des soins spéciaux qu'il réclame, et, quand il est assez fort pour supporter la transplantation, on peut sans danger le placer dans les vergers, dans les jardins, en lignes régulières, à des distances égales, le long des murs, des espaliers, etc., etc.

Les pépinières sont donc à peu près indispensables ; c'est pourquoi je me suis décidé à vous dire quelques mots sur la manière de les établir.

Établissement des pépinières. — Le terrain choisi pour l'établissement d'une pépinière doit être, autant que possible, abrité des grands vents, qui tourmentent les jeunes arbres, cassent les greffes et déchirent les feuilles. — Une surface unie ou presque unie vaut mieux qu'un plan incliné, sur lequel les pluies d'orage forment des ravins, entraînent la meilleure terre et les engrais qu'on y a mis. La qualité du sol est fort importante ; une couche cultivable de 50 à 60 centimètres de profondeur, riche en humus, ni trop sèche ni trop humide, légèrement sablonneuse, reposant sur un sol argilo-siliceux : voilà les meilleures conditions.

Il serait fort difficile de rencontrer cela partout, aussi doit-on se contenter très-souvent d'une bonne terre calcaire, profonde, reposant sur l'argile, ou d'une terre un peu compacte reposant sur un sol perméable. Les terrains trop légers, pierreux ou siliceux, surtout ceux dont la couche arable ne dépasse pas 30 centimètres, ne valent rien.

Quant au moyen de les amender, de les fertiliser, reportez-vous à ce que j'ai déjà dit, pages 41 et suivantes de la première partie ; vous y trouverez les indications nécessaires.

Enfin, il est utile d'entourer d'une clôture la pépinière, pour la préserver des déprédations de gens mal intentionnés et de l'invasion des animaux qui pourraient y causer du dommage.

L'emplacement une fois choisi, disposé, convenablement entouré de murs, de fossés, de haies vives ou sèches, il s'agit de le cultiver et d'y tracer les allées ou chemins nécessaires pour le besoin du service. Ici, point de plates-bandes fleuries, point de massifs, de pelouses, d'allées sinueuses. Il faut des chemins en ligne droite, des carrés réguliers, des plates-bandes le long des murs pour y planter à demeure quelques arbres en espaliers ; voilà tout.

Les soins de culture doivent commencer par un défoncement. Pour faire convenablement cette opération, on ouvre, à la bêche ou même à la pioche, une tranchée de 60 centimètres de large sur 60 centimètres de profondeur ; on transporte les terres extraites à l'endroit où doit se terminer le défoncement, puis on remplit cette première tranchée avec le terrain d'une autre tranchée semblable que l'on ouvre immédiatement à côté, en jetant la terre de dessus dans le fond et celle du fond en dessus. On brise les mottes, on ôte les pierres, on a le soin surtout de trier et d'enlever les racines provenant des vieux arbres arrachés ; car ces débris engendrent, dit-on, la moisissure, qui se communique promptement aux racines des jeunes arbres. Si l'on continue ainsi jusqu'à la fin du carré, on trouve la terre de la première tranchée, qui sert à remplir la dernière, et l'opération est terminée.

Quelques jardiniers ont aussi l'habitude d'enlever les terres végétales des allées pour les rejeter sur les carrés, et de remplacer ces terres par les pierrailles provenant du défoncement. Cette mesure serait excellente si la culture et les dispositions du terrain ne devaient jamais changer ; mais, lorsque, par suite de l'épuisement du sol, de l'expiration d'un bail, d'une transmission de propriété ou de toute autre circonstance, la pépinière disparaît pour faire place à des prairies artificielles, à des cultures maraîchères, à des produits d'agrément, il arrive presque toujours qu'on est singulièrement gêné par ces couches de pierres qu'il faut enlever à grands frais, parce qu'elles se trouvent juste à l'endroit où l'on voudrait une terre profonde et fertile.

Après le défoncement, il ne reste plus qu'à dresser le terrain pour y faire les semis et les plantations.

Pour les semis, on divise les carrés en planches au moyen du cordeau, de la binette et du râteau, qui sert pour égaliser la surface de la planche et pour enlever les petites pierres qui ont échappé au premier triage.

Quand c'est une plantation que l'on veut faire, il suffit de niveler le carré et d'y tracer, à 50 centimètres les unes des autres, des rigoles de 25 centimètres de profondeur, dans lesquelles on met le jeune plant, que l'on recouvre avec la terre enlevée de la rigole, en opérant avec le pied ou le dos de la pelle un léger tassement.

ENGRAIS DANS LES PÉPINIÈRES. — Avant de passer aux semis et autres moyens de multiplication, je veux dire un mot des engrais dans les pépinières.

Si l'on en croit certains pépiniéristes, il faut fumer en plantant, fumer en bêchant, fumer toujours : à leur avis, plus les arbres végètent avec vigueur, mieux et plus tôt ils les vendent. Mais les propriétaires éprouvent souvent du désavantage à acheter ces arbres, qui, poussés, gorgés, si je puis m'exprimer ainsi, de nourriture, ne trouvent plus, lorsqu'ils changent de terrain, les aliments suffisants, surtout après la fatigue de la transplantation, qui diminue toujours le nombre et l'action des jeunes racines.

Il serait donc à désirer que le sol des pépinières ne reçût pas trop d'engrais et qu'il fût d'une fertilité moyenne. Les arbres qui en proviendraient seraient moins exposés à rencontrer une différence funeste entre la richesse du terrain où ils ont été élevés et celle du sol où on les plante à demeure.

CINQUIÈME LEÇON

DU FRUIT ET DE LA GRAINE.

Fruit et graine. — Les graines des arbres sont contenues, comme celles des autres végétaux, dans des enveloppes de formes diverses, tantôt sèches et dures, tantôt molles et succulentes, auxquelles on a donné la dénomination générale de *fruit*.

Gardez-vous donc de confondre le fruit avec la graine, car le fruit enveloppe la graine et la graine est enveloppée dans le fruit. L'un est le contenant, l'autre le contenu.

Parties constituantes du fruit. — Étudions d'abord le fruit. Il se compose de trois parties distinctes : la plus extérieure se nomme *épicarpe*, c'est la pellicule externe. La plus intérieure s'appelle *endocarpe*, c'est la cloison qui recouvre immédiatement la graine. La partie intermédiaire, plus ou moins épaisse, plus ou moins charnue, a reçu le nom de *sarcocarpe ;* enfin la réunion de ces trois parties forme le *péricarpe*.

Exemple : dans une pomme (grav. 2), la peau fine et colorée qui recouvre le fruit sera l'*épicarpe ;* la partie charnue que vous mangez sera le *sarcocarpe ;* ces petites membranes que vous trouvez au centre et qui s'arrêtent quelquefois dans la gorge, lorsqu'on a l'imprudence de les avaler, formeront l'*endocarpe ;* enfin la pomme entière sera un *péricarpe*.

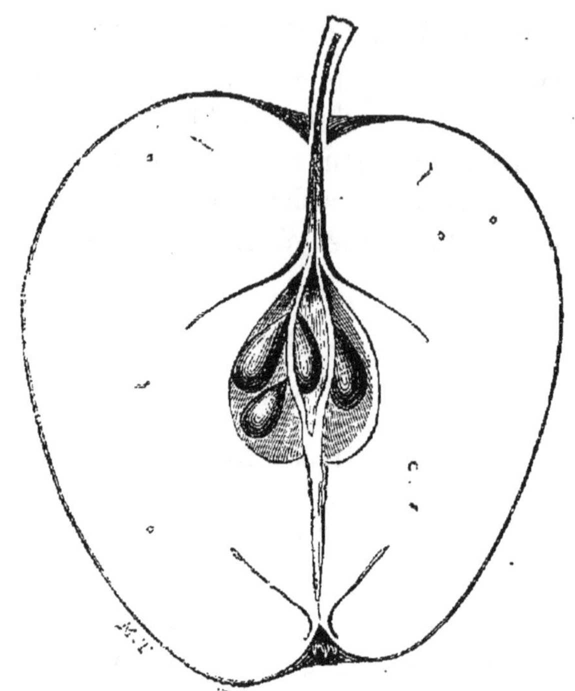

Grav. 2. — Coupe longitudinale d'une pomme.

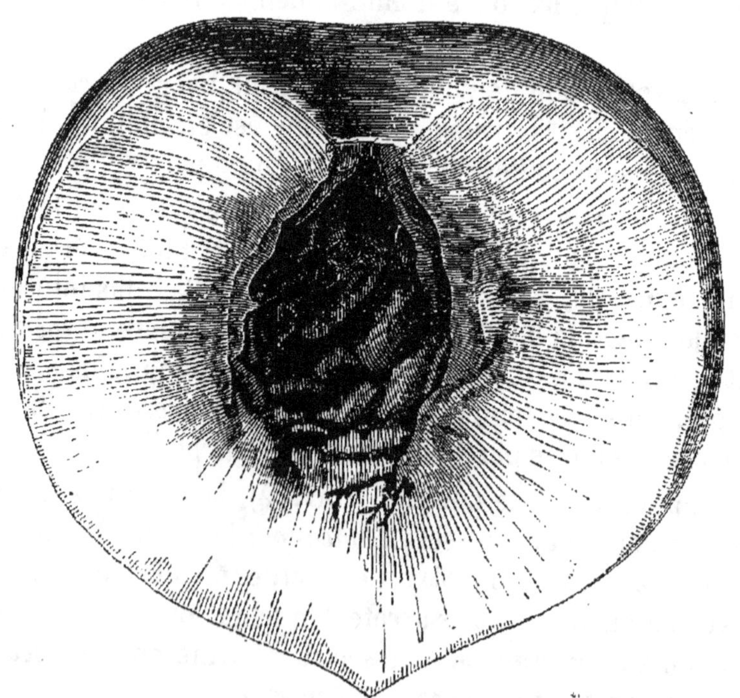

Grav. 3. — Coupe d'une pêche.

Autre exemple : prenez une pêche (grav. 3), enlevez sa peau veloutée, qui sera toujours l'*épicarpe*, vous trouverez une chair succulente et parfumée que vous mangerez avec délices, en vous rappelant toutefois que c'est le *sarcocarpe*, puis vous rejetterez le noyau, qui n'est autre chose que l'*endocarpe*, car, si vous parvenez à le casser, vous y trouverez la graine.

PARTIES CONSTITUANTES DE LA GRAINE. — Cette graine elle-même se divise en trois parties :

1° La pellicule extérieure, qui prend le plus souvent à la maturité une teinte plus ou moins brune, et qu'on appelle *tégument*.

2° Une matière blanche plus ou moins dure, plus ou moins épaisse, qui a reçu le nom d'*albumen* et qui sert à nourrir l'embryon.

3° L'*embryon* ou plantule, qui se développe au moment de la germination, déchire le tégument et force même, dans certains cas, l'endocarpe ligneux à s'ouvrir pour livrer passage à la racine et à la tige accompagnée de ses feuilles séminales.

OBSERVATIONS PHYSIOLOGIQUES. — Je dois vous dire que les observations de nos physiologistes modernes tendent à établir que le fruit est un dérivé, une modification d'une seule ou de plusieurs feuilles, qu'ils appellent *carpelles* et qui sont repliées sur elles-mêmes ou soudées ensemble pour recouvrir la graine. Ils distinguent dans le carpelle simple deux sutures : l'une *dorsale* ou extérieure, qui n'est autre chose que la nervure médiane de la feuille carpellaire ; l'autre *ventrale* ou intérieure, qui se trouve formée par le point de jonction des bords libres d'une même feuille.

Ils ajoutent que la suture *dorsale* n'est pas toujours apparente, tandis que la *ventrale* peut aisément se voir. Ainsi le sillon que vous remarquez sur l'un des côtés de la pêche, de l'abricot, de l'amande, etc., doit être considéré comme la suture *ventrale*. Dans les gousses du bagnaudier, des cytises, au contraire, vous distinguerez parfaitement la suture *dorsale*, le long de laquelle sont attachées les graines, et la suture *ven-*

trale, qui s'ouvre à la maturité pour faciliter la dispersion de ces mêmes graines.

Lorsque plusieurs feuilles ou carpelles sont soudées ensemble, ils appellent ces soudures *pariétales*.

Enfin, lorsque les carpelles forment par leur soudure autant de loges séparées à l'intérieur du fruit, ils disent que ce fruit est *multiloculaire, ou à plusieurs loges*.

L'esprit se perd, en vérité, dans toutes ces distinctions, dans tous ces classements. La nature est si riche, si variée, que l'homme, malgré la perspicacité de ses observations et la persistance de ses travaux, reste presque toujours impuissant à distinguer, à coordonner ces innombrables et capricieuses différences.

Ainsi, non-seulement on trouve dans les fruits la plus grande variété de forme, de consistance, de grosseur, mais encore leur surface présente un nombre infini de modifications. Ils sont ornés de crêtes, d'aigrettes, de becs, d'ailes, de couronnes ; les uns sont colorés des teintes les plus vives, les autres exhalent un doux parfum, bon nombre même fournissent à notre appétit leur chair succulente et délicieuse.

Beau sujet, mes enfants, pour méditer sur la grandeur de Dieu. Notre intelligence est bien pauvre auprès de ces conceptions si riches, de cette exécution si habile, si complète. Nos savants sont bien petits auprès de ces travaux admirables, de cette prévoyance infinie de la Providence, qui, sans s'inquiéter des classifications, a su mettre partout l'ordre et l'harmonie des organes à côté de l'élégance et de la variété des formes.

CLASSIFICATION DES FRUITS. — Pour nous, qui voulons étudier tant de merveilles, il faut des nomenclatures : aussi la science humaine n'a pas manqué de classer les fruits ; mais je ne veux point encore fatiguer votre esprit, surcharger votre mémoire ; je supprime les divisions, les mots techniques, et comme, en définitive, nous nous occupons surtout des fruits comestibles cultivés dans les jardins, j'adopte la classification plus simple et plus courte des pépiniéristes et des arboriculteurs, dont j'ai déjà parlé dans la première partie; je divise les fruits en deux grandes séries.

1° *Fruits à pepin*, comme les poires, les pommes, les raisins, les groseilles, etc.;

2° *Fruits à noyau*, comme la pêche, la prune, la cerise, l'amande, etc.

J'ajoute cependant encore que, parmi les fruits, il y en a de *secs*, comme les haricots, les pois, les graines d'érable, de frêne, etc.; de *succulents* ou *charnus*, comme les prunes, les pommes, les abricots.

Les uns *s'ouvrent* d'eux-mêmes pour laisser échapper la graine, tels que les gousses, les siliques, certaines capsules;

Les autres *ne s'ouvrent pas* et se décomposent avec le temps pour laisser à nu leurs semences, tels que les prunes, les cerises, les raisins.

Si pourtant vous désirez des notions plus étendues, vous trouverez ci-dessous la classification complète et scientifique de tous les fruits; elle pourrait être utile pour les instituteurs et pour quelques élèves des écoles normales ou supérieures.

1° Fruits secs déhiscents ou indéhiscents;

2° Fruits charnus toujours indéhiscents.

Ces mots *déhiscents* et *indéhiscents* signifient qui s'ouvrent et qui ne s'ouvrent pas.

Nous avons, en effet, des fruits qui s'ouvrent pour laisser échapper leurs graines, comme les gousses, les siliques, quelques capsules, etc.; d'autres qui ne s'ouvrent point, mais qui se décomposent et disparaissent en partie, comme la pomme, la pêche, le raisin.

Parmi les fruits secs déhiscents nous avons :

1° La *capsule*, fruit sec, s'ouvrant d'une manière déterminée.

2° La *follicule*, fruit sec, s'ouvrant longitudinalement d'un seul côté en se détachant de la semence.

3° La *gousse*, fruit membraneux à deux sutures; semences attachées à la suture *dorsale* seulement, s'ouvrant le plus ordinairement par la suture intérieure ou *ventrale*.

4° La *silique*, fruit sec, beaucoup plus long que large, qui diffère essentiellement de la gousse par la position des semences, qui sont attachées alternativement sur les deux sutures opposées. La silique est formée par deux lames qui s'ouvrent le plus souvent de la base au sommet et qui laissent à nu les graines ainsi qu'une fausse cloison centrale, parallèle aux deux lames principales.

Les fruits secs indéhiscents sont :

1° Les *caryopses*, fruits secs, dont le péricarpe est soudé avec la face externe de la graine, comme dans les graminées.

2° La *samare*, fruit sec à une seule loge, offrant des ailes membraneuses, comme dans les fruits de l'orme, du frêne, des érables, etc. , etc.

3° Le *gland*, fruit sec à une seule loge, provenant d'un ovaire infère et recouvert en tout ou en partie par une capsule de forme très-variable, comme dans le noisetier, le chêne, le châtaignier.

Fruits charnus toujours indéhiscents :

1° Les *drupes*, fruits à chair succulente, recouvrant une seule graine (la pêche, la cerise, la prune).

2° Les *noix ;* ces fruits ne diffèrent des précédents que par leur péricarpe moins charnu et moins succulent, comme dans l'amandier, le noyer, etc.

3° Les *mélonides*, fruits charnus, contenant plusieurs graines réunies au centre sous un endocarpe membraneux (la pomme, la poire).

4° Les *baies*, fruits succulents renfermant plusieurs graines éparses dans la pulpe, comme dans les fruits de quelques solanées, dans les raisins, etc.

On pourrait ajouter encore :

Les *péponides*, fruits gros et charnus dont le centre est occupé par plusieurs loges remplies de nombreuses graines, comme les citrouilles, les melons, les concombres.

Les *hespérides*, fruits charnus dont l'enveloppe est très-épaisse et qui sont divisés à l'intérieur par des cloisons membraneuses (l'oranger, le citronnier).

Les *nuculaines*, espèces de drupes renfermant dans leur intérieur plusieurs noyaux (le néflier).

On dit aussi que le fruit est *simple*, lorsqu'il est seul et unique sur un pédoncule; qu'il est *composé* ou *agrégé*, lorsque plusieurs fruits sont agglomérés ou soudés sur le même pédoncule. Ainsi la cerise est un fruit simple; la mûre, la framboise, l'ananas; sont des fruits composés.

Les arbres résineux portent des fruits composés, mais d'une autre manière : chaque graine, en effet, est cachée dans l'aisselle des bractées ou écailles sèches et ligneuses dont l'ensemble présente la forme d'un *cône*. C'est pourquoi on a donné à ce genre le nom de *conifères*.

Le figuier produit encore un fruit d'une nature toute spéciale. C'est une enveloppe charnue dans le sein de laquelle se sont d'abord épanouies une multitude de fleurs auxquelles ont succédé de petites drupes avec leurs petits noyaux et leurs petites graines. C'est ce qu'on appelle le *sycone*.

CHAPITRE III

MULTIPLICATION DES ARBRES

MOYENS NATURELS

SIXIÈME LEÇON

DES SEMIS.

Semis. — Je vous l'ai déjà dit, parmi tous les moyens de multiplication, la nature semble préférer la reproduction par les graines qu'elle répand avec une admirable prévoyance sur toute la surface de la terre. L'homme a bien fait de suivre cette sage et précieuse indication, car l'expérience démontre que par les semis on obtient toujours des sujets sains, vigoureux, de belle forme et de croissance rapide; c'est aussi le seul moyen de se procurer des variétés nouvelles.

RÉCOLTE DES SEMENCES. — Avant de semer, il faut récolter les semences. L'époque de cette récolte est indiquée par la maturité du fruit. Le fruit est mûr quand il est parvenu à son état de grosseur et de perfection habituelle; c'est-à-dire, pour le fruit sec, quand il est bien formé, qu'il est complet et qu'il commence à se dessécher; pour le fruit charnu, quand la chair est molle, succulente ou colorée, suivant son espèce. Enfin, on peut être certain que si un fruit bien conditionné tombe de lui-même ou se laisse cueillir sans effort, les semences qu'il renferme sont mûres et susceptibles de germer. Je dois vous faire observer pourtant que si vous attendiez la chute des fruits secs, comme certaines capsules, les gousses, les siliques, etc., pour recueillir la graine, il arriverait souvent que ces fruits s'ouvriraient avant la chute et que la graine serait perdue pour vous. Il faut, dans ce cas, devancer un peu la dessiccation et cueillir le fruit lorsqu'il commence à jaunir; on l'étend alors dans un endroit aéré pour qu'il puisse achever de se dessécher.

Les fruits une fois récoltés, il s'agit d'en extraire les semences. Pour les fruits secs, l'opération sera toujours facile; car la plupart de ceux qui ne s'ouvrent pas peuvent être semés tels qu'on les a récoltés, comme les fruits de l'orme, de l'érable, du frêne, etc. Pour ceux qui s'ouvrent, il suffit, lorsque la dessiccation est complète, de les froisser ou de les battre, afin de trier ensuite les graines, soit au moyen d'un crible, soit au moyen d'un moulin à vanner, soit enfin par le vannage en plein air, lorsque le temps est convenable.

Quelques fruits recouverts d'enveloppes, comme les châtaignes, les noix, les amandes, sont mis en tas pour avancer la décomposition du brou; puis, au bout de quelques jours, on les épluche à la main et on les fait sécher au soleil.

Quand on veut recueillir des noyaux ou des pepins, on met d'abord de côté tous ceux provenant des fruits que l'on mange, en y ajoutant ceux qui ont été réservés par des personnes obligeantes prévenues à cet effet. Puis on peut en obtenir encore une assez grande quantité en triturant et en lavant les fruits qui tombent sous les arbres ou qui se gâtent après la récolte.

C'est aussi par le triturage et le lavage qu'on parvient à séparer la semence des raisins, des groseilles, etc.

La graine la plus difficile à extraire de son fruit est, sans contredit, celle qui se trouve enfermée dans les cônes des arbres résineux (grav. 4). Il faut, pour faciliter cette extraction, exposer au soleil les fruits devenus ligneux et les y laisser pendant quelques jours. Au bout d'un certain temps les écailles s'entr'ouvrent, et, si la graine ne sort pas d'elle-même, on peut du moins la faire sortir en écartant avec les doigts ou le couteau les bractées entre lesquelles elle est encore retenue.

ÉPOQUE DES SEMIS. — En suivant l'ordre de la nature, la véritable saison pour mettre en terre les semences des arbres qui ne craignent point la rigueur de nos hivers est celle où, parvenues à une parfaite maturité, elles se répandent d'elles-mêmes sur la terre.

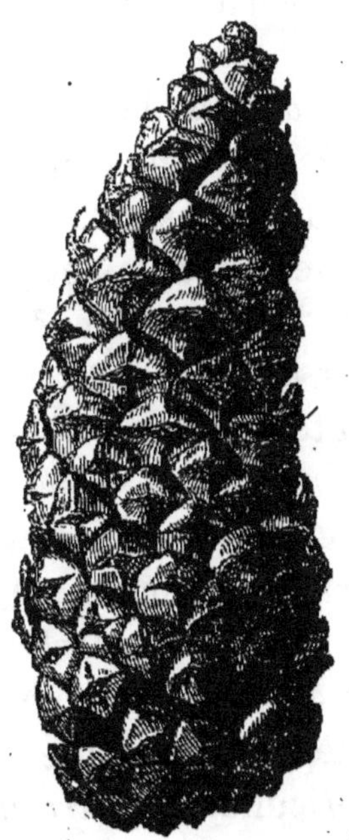

Grav. 4. — Cône de pin.

« C'est, je crois, le mieux que l'on puisse faire, nous dit un des maîtres de la science, lorsqu'il n'y a pas de fortes raisons qui s'y opposent[1]. »

Ainsi, d'après ce principe, on devrait semer les graines aussitôt après la récolte. Néanmoins, dans la pratique, on les garde quelquefois jusqu'au printemps; quelquefois même on leur fait subir, avant de les mettre en terre, une préparation qui a pour but de hâter et de faciliter leur germination. Nous en parlerons bientôt.

Prenez-y garde cependant, car il est des semences qui per-

[1] Duhamel du Monceau, *Semis et Plantations*, page 75

draient leur vertu germinative si vous les conserviez *à nu*
jusqu'au printemps. L'*ormeau*, par exemple, doit être semé
un mois au plus tard après la récolte de sa graine; l'*abricot*,
la *cerise*, la *cornouille*, la *pêche*, l'*amande*, les *fruits* du *lau-
rier*, du *groseillier*, de l'*épine-vinette*, ne conservent leur faculté germinative que pendant six semaines ou deux mois au
plus.

Les *châtaignes*, les *marrons*, les *glands*, les *pepins* de *pommes*, de *poires*, de *cognassiers*, ne peuvent être gardés que six
mois, tandis que la plupart des nèfles et des conifères se sè-
ment et germent parfaitement un an et plus après leur récolte.

En résumé, l'époque habituelle des semis pour les pepins et
la plupart des graines à péricarpe sec est le printemps (février
ou mars.) Il faut toutefois, comme je l'ai dit ci-dessus, en
excepter la graine d'*orme*, qui se sème à la fin de mai.

Quant aux noyaux et autres semences provenant de fruits
charnus, on doit les mettre en terre à l'automne, ou, si l'on
veut hâter leur germination, les placer, aussitôt qu'ils sont
séparés du fruit, dans des vases remplis de terre plutôt sèche
qu'humide que l'on dépose dans un endroit chaud ; c'est ce
qu'on appelle, en arboriculture, la *stratification* (grav. 5). Ces

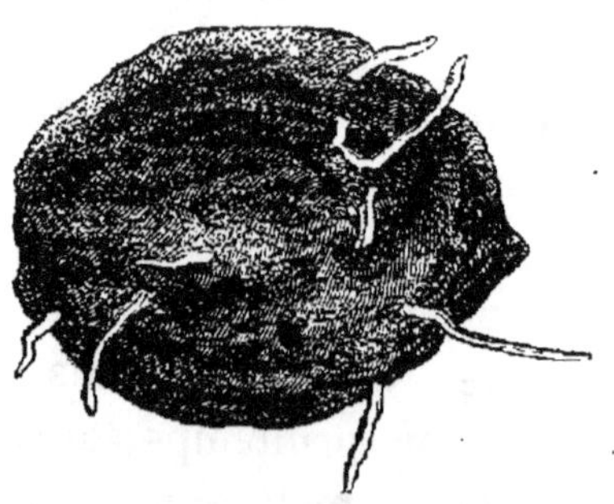

Grav. 5. — Noyau de pêche stratifié.

semences restent ainsi pendant l'hiver et germent au commencement du printemps, de telle sorte que, quand on veut les
planter, la petite racine et la tige sont sorties. On les retire

alors avec précaution pour ne pas froisser ou casser ces organes essentiels, puis on les met en place dans un rayon préparé
d'avance, en ayant soin de les recouvrir de 4 ou 5 centimètres
de terre bien ameublie.

S'il s'agissait de stratifier une grande quantité de la même
graine, on pourrait employer le moyen que voici :

On mélange les semences avec du sable ou de la terre légère, on fait avec le tout, en plein air et sur un sol bien sec, un
petit tas en forme de monticule, on recouvre ce tas avec une
couche de terre assez épaisse pour empêcher les effets de la
gelée, on place par-dessus une petite couche de paille ou de
bruyères, de manière à éloigner l'eau de pluie, et on coiffe le
sommet du monticule avec un vase renversé.

Quelques jardiniers se contentent de faire un trou dans le sol
et d'y déposer leurs graines mélangées avec du sable. Ils recouvrent avec la terre enlevée du trou et piétinent sur le tout
pour opérer le tassement.

On emploie ce dernier moyen pour les semences très-dures
de l'aubépine, des alisiers, des néfliers, etc.

Manière de semer. — Peu de mots suffiront pour vous renseigner à cet égard.

La disposition et la préparation du terrain sont les mêmes
que quand on veut semer des graines de légumes. Faites des
planches, ameublissez, nivelez le sol, arrosez-le s'il est trop
sec [1].

L'opération peut se faire de trois manières : 1° à la volée;
2° en rayons; 3° en potelets.

La première manière est ordinairement préférable pour les
graines très-fines qui doivent être peu recouvertes, comme
celles des bouleaux, des aunes, du charme, etc.

La seconde convient surtout pour les pepins de pommes,
de poires, les graines de frêne, d'érable, de hêtre, les semences des arbres résineux, qui se trouvent suffisamment

---

[1] Duhamel du Monceau, *Semis et Plantations.*

recouvertes lorsqu'on abat, avec le dos du râteau, le sommet de chaque crête fournie par les sillons, de telle sorte que la surface du terrain se trouve nivelée.

Il est bon de remarquer que, dans ce cas, on doit donner aux sillons une profondeur de 3 centimètres environ.

On peut aussi semer en ligne les grosses graines, comme les glands, les marrons, les noix, etc. ; mais alors il faut faire des sillons de 5 ou 6 centimètres de profondeur. Les potelets sont très-convenables pour semer les grosses graines, qui doivent rester en place et qu'il faut enterrer à une grande distance les unes des autres.

Lorsque le semis est fait et recouvert, il est utile de le plomber légèrement et de le couvrir d'un pailli.

Les semis d'arbustes délicats, de conifères précieux, se font en terre de bruyère, soit dans des caisses ou de grandes terrines, soit sur des planches préparées d'avance. Cette préparation consiste à creuser les planches sur une profondeur de 25 centimètres, à en extraire la terre et à la remplacer par le terreau de bruyère, que l'on a préalablement battu et trié pour le purger de toutes les mottes et de toutes les racines qu'il contient.

On doit, pour ces sortes de semis, remplacer le pailli par une couche très-mince de mousse hachée ; cette précaution est essentielle, car, si vous la négligez, votre terre de bruyère se desséchera promptement et ne prendra plus l'eau.

Reportez-vous, du reste, pour les soins généraux, pour l'éclaircissage, le repiquage, etc., à ce que j'ai dit dans la première partie, pages 53, 54, 57 : vous y trouverez les principes généraux, qui sont absolument les mêmes, soit qu'il s'agisse de légumes, soit qu'il s'agisse d'arbres fruitiers ou d'ornement.

SEPTIÈME LEÇON

REJETONS. — MULTIPLICATION PAR REJETONS.

Rejetons. — La nature, indépendamment de la dispersion des graines, a voulu se réserver, pour certains végétaux, un autre moyen de multiplication tout aussi sûr et tout aussi rapide.

Voyez, au pied des grands arbres et des arbustes, surgir spontanément, dans un rayon quelquefois très-étendu, ces nombreux rejetons; ils se développent promptement et vivent bientôt indépendants à l'aide des jeunes racines qui se forment à leur collet; ils grandissent à l'ombre de leur père pour former, à leur tour, des bouquets d'arbres touffus et vigoureux.

Multiplication par rejetons. — On peut arracher avec adresse ces petits rejetons ou *drageons*, pour les transplanter en d'autres lieux, soit à demeure, soit en pépinière, soit en pots lorsqu'ils sont d'une nature délicate et qu'ils réclament quelques soins spéciaux.

L'opération se fait à l'automne ou au printemps; il faut, pour qu'elle réussisse, dégarnir les drageons et s'assurer qu'ils ont de jeunes racines indépendantes; couper alors au-dessous de ce nouveau chevelu la racine mère qui a produit le rejeton et transplanter le plus tôt possible en ménageant toutes les racines qui n'ont pas été blessées par l'arrachement, en rafraîchissant par une coupe bien nette celles qui seraient brisées ou déchirées.

Souvent il arrive que les rejetons tirent leur nourriture de la grosse racine sur laquelle ils sont nés et qu'ils n'ont point de radicelles indépendantes; on peut les arracher avec une partie de la grosse racine, qui formera dès lors une espèce de talon duquel ne tarderont pas à sortir de petites racines. Dans ce cas, je vous conseille d'agir à l'automne et de choisir les plus petits rejetons : la reprise sera plus facile.

Lorsqu'un arbre, qui, par sa nature, devrait produire des rejetons, n'en fournit pas, vous n'avez qu'à l'abattre, et vous verrez bientôt surgir, dans une circonférence de quelques mètres autour de sa souche, une forêt de ces petits drageons, que vous pourrez transplanter où bon vous semblera. Mais, direz-vous, on ne peut pas toujours abattre un arbre vigoureux dans le seul but d'avoir des drageons; souvent, il est vrai, l'arbre est trop précieux pour le sacrifier ainsi ; d'un autre côté, certains végétaux produisent peu de graines et se multiplient difficilement par les moyens artificiels tels que le marcottage, la bouture, la greffe, dont nous allons parler tout à l'heure; on peut, dans ce cas, employer la méthode suivante, qui nous est indiquée par d'anciens et habiles praticiens.

Cherchez et découvrez les racines qui sont les plus voisines de la surperficie de la terre; faites-y une ou plusieurs entailles à l'aide d'un instrument tranchant, puis recouvrez ces plaies d'une couche de terre légère; vous verrez le plus ordinairement, au bout de quelques mois, paraître des jets que vous pourrez enlever aussitôt qu'ils auront pris le développement nécessaire.

Un assez grand nombre d'arbres forestiers, d'arbres ou d'arbustes d'ornement et même quelques arbres fruitiers, se multiplient facilement par leurs rejetons.

Parmi les arbres forestiers on peut citer : l'*ormeau*, le *charme*, le *tremble*, les *peupliers blancs de Hollande, d'Italie, de Virginie* et autres, l'*acacia*, le *bouleau*, l'*érable*, etc. Quelques arbres d'ornement deviennent incommodes par les nombreux rejetons qu'ils produisent autour d'eux; de ce nombre sont : les *vernis du Japon*, les *sumacs*, le *bonduc*, le *merisier à grappes*, quelques *lauriers*, la *grenadille*, la *vigne vierge*, etc.

Quant aux arbustes, il serait trop long de les énumérer ici; presque tous donnent des jets, bon nombre même forment des touffes que l'on peut diviser à l'automne et replanter immédiatement : voyez les *lilas*, les *jasmins*, les *spirées*, les *chamœcerasus*, le *symphoricarpus*, les *viburnum*, la plupart des *rosiers*.

Enfin, on peut multiplier par les rejetons certains arbres fruitiers qui ne sont pas greffés : ainsi les groseilliers, les framboisiers, les noisetiers, les cognassiers, les figuiers ; quelques variétés de pruniers, de cerisiers, poussent des jets qui, transplantés et bien cultivés, produisent d'excellents fruits semblables en tout point à ceux que vous cueillez sur le pied d'où sont partis les rejetons.

Pour ce qui est des arbres greffés, vous comprendrez sans peine que, les rejetons étant fournis par les racines du sujet, ils seront toujours semblables à ce sujet ; les jets du pommier, par exemple, qui sont quelquefois nombreux, surtout dans l'espèce appelée *paradis*, sont recueillis et plantés dans les pépinières, mais seulement pour servir plus tard à greffer des variétés plus productives ; il en sera de même des drageons de pruniers, de cerisiers sauvages, qui ne pourront jamais faire que des sujets propres à recevoir des greffes.

CHAPITRE IV

MULTIPLICATION DES ARBRES

MOYENS ARTIFICIELS

HUITIÈME LEÇON

MULTIPLICATION PAR MARCOTTAGE OU COUCHAGE. — MARCOTTES.

Marcottage. — Marcotter, c'est coucher en terre une branche sur les nœuds de laquelle on veut favoriser le développement de quelques racines, sans la détacher de son sujet.

Pour cela, on incline, après avoir enlevé les feuilles de la base, un jeune rameau (grav. 6) que l'on fixe, à l'aide d'un crochet en bois, dans un sillon de 8 à 10 centimètres de profondeur, puis on le recouvre dans sa partie inférieure en redressant autant que possible l'extrémité supérieure, qui doit rester hors de terre.

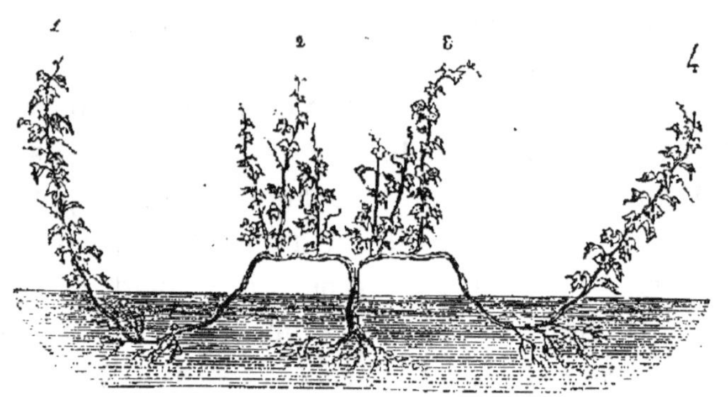

Grav. 6. — Marcotte de vigne.

Quand les racines se sont développées, on opère le sevrage en coupant le rameau au-dessous de ces mêmes racines; on plante et l'on soigne les jeunes marcottes comme les drageons dont il vient d'être parlé au chapitre précédent.

Voilà le marcottage simple; mais on a perfectionné l'opération pour la rendre plus prompte et plus sûre.

On s'est dit : Puisqu'un nœud suffit pour retarder la marche des sucs nourriciers et pour déterminer la formation des racines sur la partie externe d'une branche, il est tout clair qu'une section partielle des tissus de cette branche, pratiquée immédiatement au-dessous d'un nœud, déterminera l'agglomération du *cambium* sur les bords tranchés de la plaie et formera bientôt un bourrelet duquel s'échapperont des radicules, puis des racines.

On a donc fait des incisions, des amputations de diverses formes, et, de nos jours, on ne connaît guère, dans la pratique, d'arbres ou d'arbustes assez rebelles pour résister à l'un des moyens suivants :

Marcottes. — MARCOTTE PAR INCISION SIMPLE. — On fait, dans la partie de la branche qui doit être recourbée en terre, et au-dessous d'un nœud, une entaille horizontale qui, pénétrant jusqu'au milieu de son épaisseur, retourne ensuite verticalement en remontant vers la partie supérieure dans une longueur de 1 à 3 centimètres, selon la force de la branche. On écarte alors la languette ou talon formé par cette incision, et, si l'on craint qu'il ne se referme, on met entre les deux parties fendues une petite pierre ou un petit morceau de bois pour les tenir écartées. Par ce moyen, on détermine sur les bords de la languette ou talon une agglomération de séve descendante qui forme d'abord un bourrelet sur lequel bientôt se développeront de petites bulbilles qui s'allongeront et deviendront des racines.

MARCOTTE PAR AMPUTATION. — Elle ressemble beaucoup à la précédente, si ce n'est qu'au lieu d'une entaille on en fait deux et qu'on enlève entièrement la partie comprise entre les deux entailles.

MARCOTTE PAR CIRCONCISION. — Elle consiste à enlever, toujours dans la partie inférieure de la branche, immédiatement au-dessous d'un œil, un anneau d'écorce de manière à arrêter la séve descendante sur les bords supérieurs de cette plaie, pour y faire naître le bourrelet, puis les racines.

MARCOTTE PAR STRANGULATION. — Au lieu d'enlever l'écorce, on se contente de lier fortement la branche avec un fil de métal et d'entamer les tissus externes afin de produire à peu près le même effet que par la circoncision.

MARCOTTE PAR TORSION. — Il faut, pour la pratiquer, tordre sans le briser, le rameau à l'endroit où l'on désire faire naître des racines. On emploie ce dernier moyen pour marcotter des plantes sarmenteuses dont l'écorce est très-mince.

MARCOTTE EN ARCEAUX OU SERPENTEAUX. — Si l'on veut marcotter une plante dont les branches sont très-souples et très-

longues, comme celles d'une glycine, d'une vigne vierge, etc.,
on peut, après les avoir enterrées une première fois, les re-
courber en arçons pour les enterrer une seconde fois, puis une
troisième, et ainsi de suite, selon la longueur de ces branches.

MARCOTTES EN POTS. — On ne peut pas toujours faire les
marcottes en pleine terre et dans le sol même où les végétaux
sont plantés : il est des arbustes, en effet, qui font peu de racines ou qui reprennent difficilement après le sevrage; dans ce
cas, on est obligé de coucher chaque branche dans un petit
pot, que l'on remplit de bon terreau, et que l'on enfouit à la
place où l'on eût enterré la plante elle-même : ainsi le sevrage
ne nécessite pas la transplantation de la jeune marcotte, que
l'on enlève avec son pot et que l'on peut mettre à l'abri pendant l'hiver.

PROCÉDÉS DIVERS DE MARCOTTAGES. — Il arrive encore que les
branches d'un arbre ne partent pas de sa base et sont beaucoup trop élevées pour être couchées en terre; dans ce cas,
l'horticulteur intelligent sait trouver des moyens pour arriver
à son but. Par exemple, il construit des estrades sur lesquelles
il met de petites caisses ou des pots remplis de terre; il plante
des pieux, puis il attache au sommet de ces pieux des vases
fendus sur le côté, dits *pots à marcottes* (grav. 7), dans lesquels on introduit les rameaux; ou bien encore il entoure ces
rameaux d'une ouillette en fer-blanc ou en zinc, qui s'ouvre au
moyen de deux charnières.

Dans la pépinière, où les multiplications par marcottes se
font sur une grande échelle, lorsqu'un arbre est trop élevé on
le coupe au pied, puis on recouvre la souche d'une légère
couche de terre. L'année suivante, cette souche pousse de
nombreux rejetons que l'on s'empresse de marcotter. Assez
souvent, quand les premières marcottes sont enlevées, il sort
de nouveaux jets que l'on couche encore, et ainsi de suite jusqu'à l'épuisement du sujet.

On peut marcotter toute l'année, pourvu que le sujet soit

en végétation. Néanmoins le plus ordinairement on opère au printemps, c'est-à-dire en mars pour les arbrisseaux à feuilles persistantes, en avril et en mai pour les arbres et arbustes à feuilles caduques.

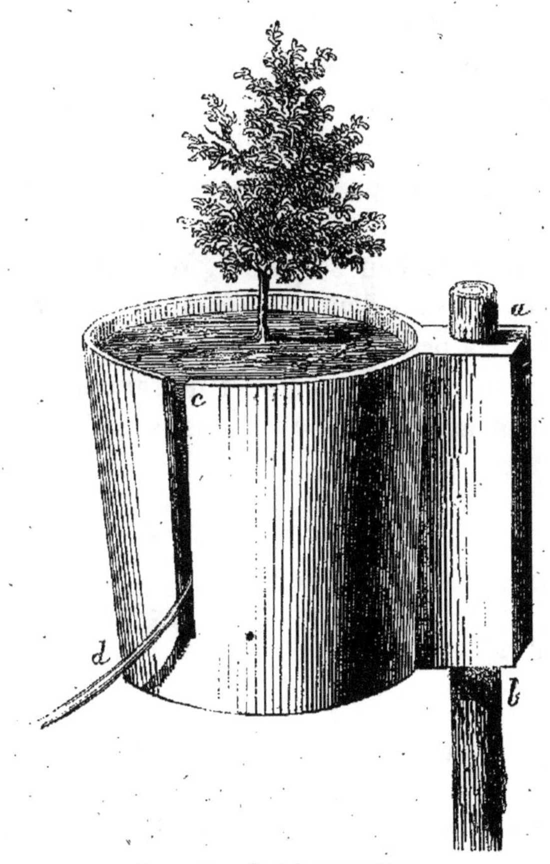

Grav. 7. — Pot à marcottes.

SEVRAGE DES MARCOTTES. — Le sevrage des marcottes s'opère à la fin de novembre. Quand le marcottage a été fait en pleine terre, on coupe chaque marcotte au-dessous du point où elle se trouve enracinée, on la soulève avec précaution, sans endommager les racines et sans laisser tomber la terre qu'elles entraînent; puis on plante soit en pépinière, soit en pots. Si l'on a employé des pots ou des ouillettes, on coupe la marcotte au-dessous du vase qui la contient, on ouvre l'ouillette ou on dépote adroitement en frappant sur le fond du pot, et on transplante.

Quelques arbres à bois dur ne forment pas racines dès la première année du marcottage : il faut alors suspendre le sevrage jusqu'au printemps suivant.

Comment, avant de couper les marcottes, peut-on s'assurer qu'elles ont des racines ? Je ne connais qu'un moyen : c'est d'écarter avec adresse et précaution, à l'aide d'un piquet en bois, la terre qui enveloppe la branche, d'enlever le crochet et de tirer très-légèrement cette branche en la tenant dans sa partie supérieure. Si l'on sent de la résistance, c'est que les jeunes racines se sont déjà cramponnées dans le sol ; si, par ce léger effort, la branche est soulevée, il faut se hâter de la fixer de nouveau avec le crochet et de remettre la terre pour attendre avec patience un résultat plus satisfaisant.

NEUVIÈME LEÇON

DE LA BOUTURE.

Bouture. — Les peuples anciens, les Romains notamment, connaissaient et pratiquaient ce mode de multiplication, car Virgile en parle dans son immortel poëme des *Géorgiques*.

Mais, de ces temps reculés à notre époque, les progrès sont immenses ; l'art de bouturer est devenu, dans les mains de nos horticulteurs modernes, un moyen puissant, rapide, à l'aide duquel les branches, les rameaux, les bourgeons, les feuilles même d'un végétal précieux, peuvent devenir, en deux mois, des plantes parfaites et propres à être livrées au commerce.

Le cadre trop resserré de ce petit ouvrage ne me permettra

pas de vous initier à tous les secrets du bouturage. Je m'occupe ici de la culture des arbres, et, pour ne pas sortir de mon sujet, je dois vous parler seulement de la bouture en pleine terre; néanmoins, pour compléter autant que possible les notions élémentaires de votre cours de jardinage, je vous dirai bien un petit mot des boutures sous cloche et sous châssis.

Le raisonnement qui conduisit à la marcotte a dû nécessairement faire naître cette autre théorie : la séve descendante s'accumule, forme un bourrelet et pousse des racines sur les bords d'une incision partielle; ces mêmes effets ne pourraient-ils pas se reproduire lorsque, par une amputation complète, la branche est détachée du tronc? De la théorie passant à la pratique, on coupa, puis on planta, dans un sol humide et bien préparé, des branches d'arbres, des rameaux et des tiges d'arbrisseaux et de plantes. Tous ne furent pas dociles à cette opération nouvelle; mais plusieurs résultat heureux vinrent établir, pour certains végétaux du moins, que le bouturage était une conquête définitivement assurée.

ÉPOQUES FAVORABLES POUR FAIRE LES BOUTURES. — Le temps pour faire les boutures ne peut être fixé d'une manière précise; mais il est constant que la présence de la séve est indispensable pour leur réussite.

Ainsi, pour tous les végétaux à feuilles caduques, l'époque la plus favorable sera celle où ils enflent leurs bourgeons sans pourtant les développer, c'est-à-dire février ou mars, selon la précocité de leur végétation. Les plantes toujours vertes peuvent aussi être bouturées au printemps; néanmoins, pour celles dont la végétation est tardive, on fera bien d'opérer à l'automne.

BOUTURE EN PLEINE TERRE. — Pour bouturer à l'air libre les arbres et arbrisseaux à feuilles caduques, ainsi que ceux à feuilles persistantes qui ne craignent pas la rigueur de nos hivers, il suffit de préparer et d'ameublir une planche ou une plate-bande ombragée et convenablement abritée. Une terre franche, légère, un peu sablonneuse et douce au toucher, est la meilleure.

On prend, pour faire des boutures, des branches de l'année précédente, on choisit les mieux nourries, les plus vigoureuses, que l'on coupe par tronçons de 20 à 25 centimètres. La coupure inférieure doit être nette, sans bavures, sans fentes et immédiatement au-dessous d'un nœud. Dans la pratique, on veut que cette coupe soit parfaitement horizontale; je crois pourtant qu'on pourrait la faire en sifflet sans compromettre le succès de l'opération.

Les boutures ainsi préparées seront plantées à la fiche, à 15 ou 20 centimètres les unes des autres. Quelques-unes auraient peut-être assez de résistance pour être piquées dans le sol sans qu'on ait eu soin de leur frayer préalablement un passage; mais, dans ce cas, la coupure inférieure, rencontrant un obstacle, serait émoussée, éraillée; les tissus seraient froissés de manière à contrarier la formation du bourrelet et l'émission des racines. Il est aussi fort important de bien tasser la terre au pied de chaque bouture pour empêcher l'introduction de l'air, qui dessécherait son écorce.

Après la plantation, il faut arroser et couvrir d'un paillis. Cette manière de bouturer s'emploie pour un grand nombre d'arbres et arbustes de pleine terre, tels que les peupliers, les saules, les osiers, les blancs de Hollande, les sureaux, les fusains, les rosiers, les sophora, etc...

On peut de même bouturer les groseilliers, les cassis, les coignassiers, les poiriers; ces deux dernières espèces se bouturent en grand dans les pépinières pour former des sujets sur lesquels on greffe plus tard toutes les variétés de poires comestibles.

Crossette. — Si la branche destinée à faire une bouture est coupée avec une petite portion de bois de deux ans, qu'on laisse à sa partie inférieure, sur une longueur de 1 ou 2 centimètres, on la nomme *crossette*. Elle convient surtout à la vigne, au chèvrefeuille, à certaines variétés de roses, etc...

Elle doit se pratiquer un peu avant le développement de la végétation.

Bouture à talon. — Lorsque la branche est détachée par une
traction de haut en bas, elle entraîne avec elle l'empatement
qui l'unit à la tige principale; dans ce cas on l'appelle *bouture
à talon* (grav. 8 et 9). Elle convient à tous les végétaux,
parce que ce talon tient lieu de bourrelet et favorise le développement des radicules. Quelques racines d'arbres, lorsqu'elles sont arrachées, coupées et remises en terre, conservent la propriété d'émettre des bourgeons qui se développent
et deviennent des sujets complets et vigoureux. Je vous citerai
pour exemple le *paulownia imperialis.*

Boutures en pots sous cloche ou sous chassis. — La bouture
en pot est, sans contredit, le mode de multiplication le plus
généralement répandu pour les plantes de serre, il est aussi le
plus perfectionné, car on est parvenu à multiplier deux ou
trois fois dans l'espace de deux mois le plus frêle sujet d'une
plante nouvelle et délicate. On opère en toute saison sur des
couches chaudes ou tièdes, tantôt sous cloches, tantôt sous
des feuilles de châssis vitrés. Dans ce cas, on prend de petits
pots qu'on remplit de terre de bruyère ou de terreau passé
au crible fin, après avoir mis préalablement au fond de chaque pot un tesson ou une poignée de gros sable pour favoriser
l'écoulement de l'eau et prévenir l'humidité stagnante. Cette
première opération terminée, on coupe des rameaux sur les
plantes qu'on veut multiplier, puis on repasse un à un ces rameaux pour les réduire à la longueur convenable (de 5 à
10 centimètres), pour rafraîchir la coupe de ceux qui ne sont
pas trop longs et pour ôter les feuilles qui se trouvent à la
partie inférieure.

Enfin, on plante les boutures après avoir fait un trou avec
un petit piquet, et on presse la terre avec le doigt ou le gros
bout du piquet pour opérer le scellement. On en place ainsi
tout autour du pot, les mettant à 1 demi-centimètre du bord
et les espaçant entre elles de 3 centimètres environ. On met

Grav. 8 et 9. — Bouture à talon et bouture après la pousse des radicelles.

alors les pots à l'ombre pour leur donner un arrosement en forme de pluie ; on attend quelques heures afin qu'ils puissent se ressuyer, puis on les place sur couche tiède ou sur couche chaude, sous cloche ou sous châssis.

Pendant les premiers jours il est bon d'intercepter la lumière en jetant un voile sur la cloche ou sur le châssis.

Les soins à donner aux boutures ainsi faites sont fort importants. On doit surtout craindre l'excès d'humidité dans l'atmosphère de la cloche ; il faut y regarder souvent, essuyer matin et soir avec un linge les parois intérieures, enlever les feuilles pourries, les boutures qui périssent, enfin, dès qu'on aperçoit un mouvement dans la végétation, on donne de l'air par degré en soulevant l'un des côtés de la cloche, que l'on enlève définitivement dès qu'on s'est assuré que les boutures sont bien enracinées.

Quant aux arrosements, ils doivent être rares ; le plus ordinairement les boutures, après le premier mouillage, se maintiennent et font racines sans qu'il soit besoin de leur donner une seule goutte d'eau.

DIXIÈME LEÇON

DE LA GREFFE.

Greffe. — « Quelle chose peut faire l'homme plus approchante du miracle, disait Olivier de Serres, que d'insérer le bout d'une branche d'arbre longuement gardée, transportée de lointains pays, sur le tronc d'un autre arbre ; là, lui faire prendre vie et accroissement, et, avec communication de substances, les faire ensemble fructifier ? »

C'est une merveilleuse conquête, en effet, que cet artifice à l'aide duquel une nature sauvage, qui ne produisait d'abord que des fleurs sans éclat ou des fruits amers, obéit tout à coup à la main qui la dirige et se pare presque aussitôt de corolles brillantes, de fruits délicieux.

On ne sait trop par qui fut inventé, fut pratiqué, dans l'origine, l'art de greffer.

Les auteurs anciens ont disserté longuement sur ce sujet; mais ils n'ont rien dit de bien certain.

Pour moi, j'ai toujours pensé que la contemplation de la nature et l'étude de ses mystérieuses combinaisons, qu'on attribue trop légèrement peut-être au hasard, avaient dû guider l'esprit humain dans cette précieuse découverte.

N'avez-vous pas vu quelquefois deux arbres voisins se rapprocher, se serrer, s'entrelacer? le vent qui les agitait sans cesse pendant l'hiver a déchiré leur écorce à l'endroit de leur jonction; la séve du printemps a réuni, collé ces deux arbres; ainsi mariés, ils ont confondu leur nature, de telle sorte qu'en supprimant la tige de l'un et les branches de l'autre, vous avez pu remarquer le pied d'un amandier nourrir la tête d'un pêcher, le prunier porter les fruits de l'abricotier.

N'est-ce pas là l'origine de la greffe en approche?

Pline l'Ancien raconte qu'un berger, voulant raccommoder la palissade qui entourait sa logette, intercala, sans y penser, le bout d'une branche d'arbre à fruit dans le tronc d'un autre arbre qu'il avait fendu; la branche s'y colla, poussa de nouveaux rejetons et vécut ainsi de la vie d'autrui. Voilà la greffe en fente.

Quant à l'écusson, le poëte Virgile en donne la description, que Delille nous rend ainsi dans son élégante traduction des *Géorgiques* :

> Tantôt dans l'endroit même où le bouton vermeil
> Déjà laisse échapper sa feuille prisonnière
> On fait avec l'acier une fente légère :
> Là, d'un arbre fertile on insère un bouton,
> De l'arbre qui l'adopte utile nourrisson.

Ces trois manières de greffer sont encore très-usitées; je dirai même qu'elles sont les plus généralement employées par les pépiniéristes et les horticulteurs.

La science, il est vrai, n'a pas manqué de varier à l'infini ces premiers moyens; chacun a voulu inventer sa greffe et lui donner son nom; on en compte aujourd'hui jusqu'à 128. Il me serait impossible de développer ici les nombreux systèmes émis sur chacune de ces inventions; du reste, si quelques-unes peuvent être utilement employées dans les grandes cultures, la plupart, il faut bien le dire, ne sont que des amusements curieux que le savant Noisette classait avec beaucoup de justesse sous ce titre : *Greffes d'expériences.*

J'appellerai donc spécialement votre attention sur les trois manières d'opérer ci-dessus indiquées, puis je dirai quelques mots de la greffe en couronne, de la greffe en placage et de la greffe herbacée.

RÈGLES GÉNÉRALES. — Avant d'aborder les descriptions et les détails pratiques, posons quelques règles générales communes à toutes les espèces de greffes.

Lorsqu'on greffe un végétal, on se propose de le faire vivre aux dépens d'un autre, en mettant en communication leurs vaisseaux séveux. Ce végétal, ou mieux cette portion de végétal commence alors une vie nouvelle; une partie de sa nourriture est prise dans la terre par les racines du sujet, tandis qu'il se procure l'autre partie dans l'atmosphère par le moyen de ses feuilles. La séve évidemment joue dans cette transmission d'existence le principale rôle; c'est pourquoi son cours ne peut s'établir régulièrement qu'entre des arbres dont les sucs et les organes ont entre eux une certaine analogie. Ainsi le sujet doit être de la même espèce ou tout au moins de la même famille que la greffe. Sur le coignassier, par exemple, qui porte un fruit à pepins et qui est de la famille des rosacées, vous pourrez greffer les poiriers, les alisiers, les sorbiers, les néfliers, etc... A plus forte raison, vous pourrez mettre les poiriers cultivés sur le poirier sauvage. Quelques espèces de poires réussiront également sur l'épine blanche. Quant au pommier, il ne prospère bien, par le moyen de la greffe, que sur le pommier sauvage, sur le pommier franc et sur une espèce de pomme très-précoce et très-fructifère, qu'on appelle *Paradis.*

Les fruits à noyaux, les pêchers, par exemple, se greffent avec succès sur l'amandier, sur le prunier et sur le pêcher venu de graines. Toutes les espèces de cerises se greffent sur

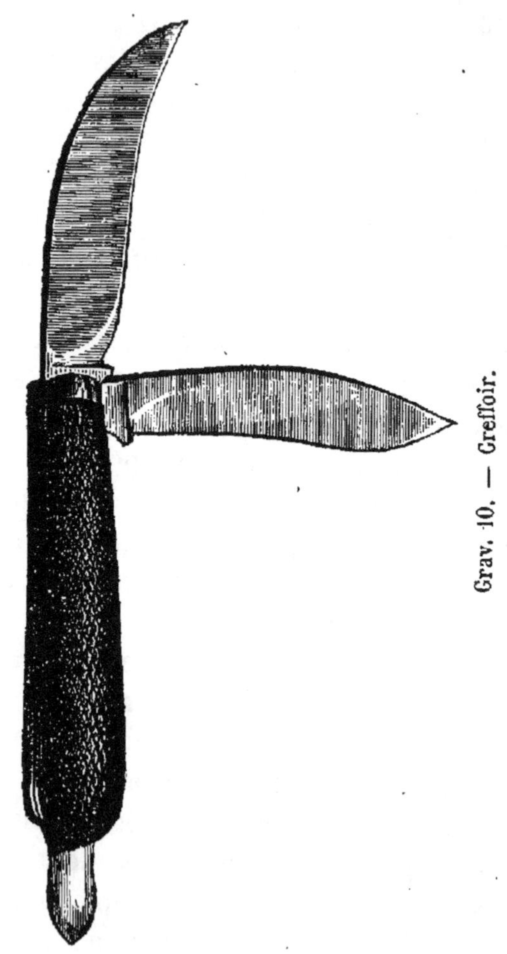

Grav. 10. — Greffoir.

le cerisier sauvage, sur les mérisiers et sur les arbres de Sainte-Lucie.

L'abricotier prend bien sur le prunier; le prunier lui-même

réussit parfaitement sur le prunier sauvage et sur toutes les espèces de semis, notamment sur le *Mirobolant* et sur le *Sainte-Catherine*.

Il est une autre condition non moins essentielle pour la réussite : il faut que la partie tronquée des vaisseaux de la greffe se trouve en contact précis avec la partie tronquée des vaisseaux du sujet, c'est-à-dire que les orifices de ces vaisseaux soient appliqués positivement les uns sur les autres, de manière que la séve puisse passer des uns aux autres sans rencontrer d'obstacle. Or, comme ces vaisseaux sont placés dans les couches d'aubier et les couches du liber les plus jeunes, il suffira, pour atteindre ce résultat, de bien mettre en contact ces deux couches dans la greffe et dans le sujet.

Comme l'air et le soleil pourraient dessécher l'écorce fraîchement coupée du sujet, que le vent, le contact d'un corps étranger ou tout autre accident pourraient aussi ébranler la greffe, il est fort utile de la consolider par une ligature de jonc ou de laine, et de couvrir toutes les plaies au moyen d'un enduit composé de cire et de goudron.

Les outils nécessaires sont : 1° un greffoir (grav. 10) muni d'une petite spatule en bois ou en ivoire; 2° un couteau plus fort que le greffoir pour fendre le sujet dans la greffe en fente. 3° une scie à main pour couper la tête du sujet; 4° une mailloche pour frapper sur le dos du couteau; 5° un petit coin en fer que l'on met dans la fente pour la tenir ouverte afin qu'on puisse y insérer sans difficulté le rameau qu'on a préparé.

Greffe en approche (grav. 11). — Elle diffère de la greffe en fente et des autres manières d'enter, en ce que chaque partie est alimentée par son propre pied et que le sevrage n'a lieu qu'après la reprise; c'est alors seulement que le sujet est uniquement chargé de pourvoir à la nourriture de la greffe.

L'opération se fait en pratiquant une plaie longitudinale sur le sujet de manière à enlever une partie d'écorce et d'aubier sans atteindre la moelle; puis on présente devant cette plaie la branche que l'on veut greffer, afin d'en prendre les dimensions; après quoi on en fait une exactement pareille sur cette

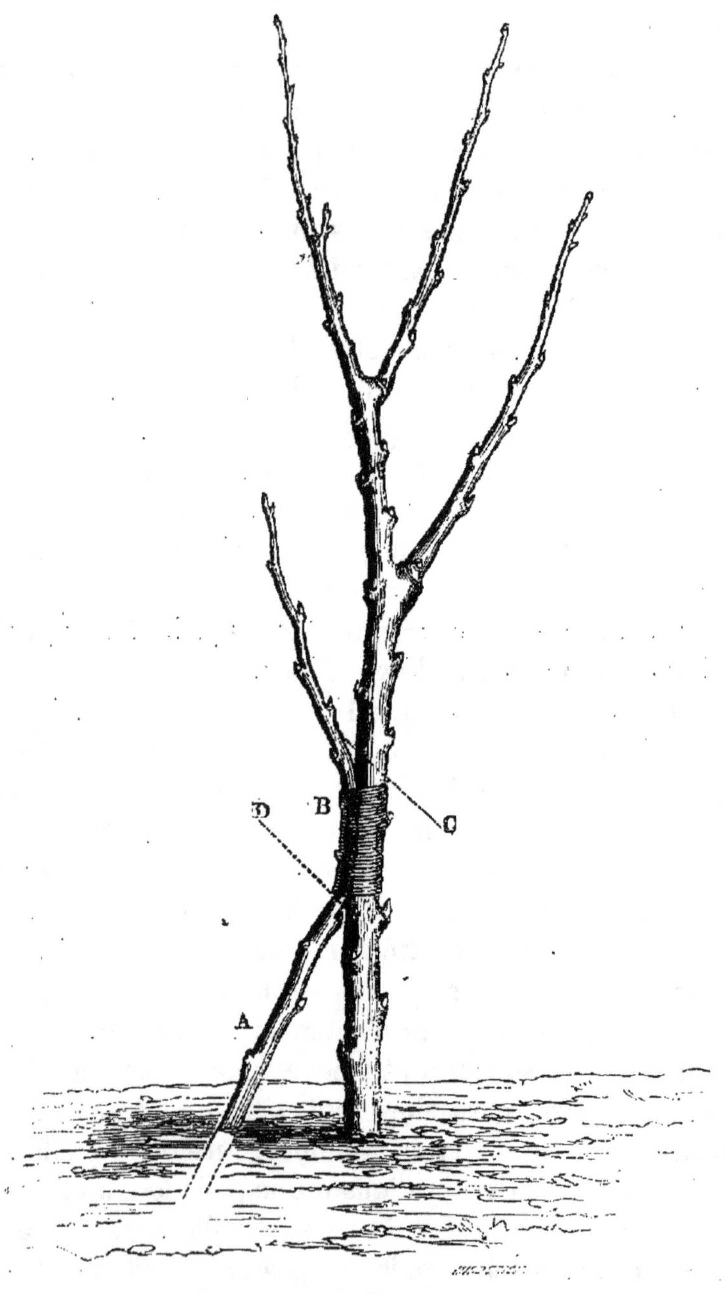

Grav. 11. — Greffe en approche.

branche; on rapproche les deux parties incisées ; on les réunit de manière que les écorces coïncident parfaitement sur l'un des côtés au moins, on opère la ligature, puis on enveloppe le tout d'une couche de cire ou d'onguent de Saint-Fiacre.

La longueur des entailles varie selon la force du sujet; la moyenne est de 4 à 6 centimètres; la largeur doit être proportionnée à la grosseur de la greffe.

Cette greffe se fait en toute saison, pourvu que la chaleur ne soit pas trop forte ou qu'il ne gèle pas; néanmoins le temps le plus favorable est le printemps, c'est-à-dire le commencement de la végétation. L'usage en est très-répandu pour la multiplication des arbres ou arbrisseaux à feuilles persistantes; on l'emploie aussi pour les arbres fruitiers qui commencent à se dégarnir : dans ce cas, on choisit sur le sujet même une branche que l'on courbe et que l'on fixe par approche sur le point dégarni pour avoir un nouveau rameau.

La reprise n'est certaine que quand la soudure est parfaite, ce qui ordinairement a lieu au bout de sept ou huit mois. On commence alors le sevrage par une première incision, que l'on augmente successivement jusqu'au moment où l'on croit pouvoir, sans danger, séparer définitivement la greffe de la tige mère.

Une fois cette séparation opérée, on coupe la tête du sujet dans un sens légèrement incliné de bas en haut, afin que la plaie puisse se recouvrir plus facilement. Il faudra par là même raison rectifier la coupe de la branche greffée, de manière que l'arbre ne soit pas déformé par des bourrelets trop prononcés.

Quand la branche à greffer par approche ne se trouve pas à la même hauteur que le sujet, on emploie pour les réunir les moyens déjà indiqués pour les marcottes; on dresse des estrades, des supports, sur lesquels on pose les pots qui contiennent les sujets. Vous pouvez voir tous les ans, dans les établissements horticoles, des arbustes entourés de ces échafaudages qui supportent une multitude de jeunes sujets, le long desquels sont attachées chacune des branches que l'on a voulu greffer.

Il se forme quelquefois, lorsque la ligature est trop serrée, des étranglements ou bourrelets. Veillez avec attention, lâchez les liens si vous le croyez nécessaire; mais prenez garde, car, si la soudure n'est pas solide, les tiges que vous avez courbées pour les rapprocher feront ressort et tendront à se décoller pour reprendre leur position naturelle.

Greffe en fente (grav. 12). — Ce mode de greffer est fort employé dans les pépinières et surtout dans les campagnes. Voyez le paysan parcourir ses vergers, ses champs, ses buissons, choi-

Grav. 12.
Greffe en fente.

sissant les plus beaux brins d'épine blanche pour y greffer la poire d'*aigue* ou le *gros blanquet*, couper la tête d'un pommier sauvage pour y mettre la *rainette* ou la pomme d'*apis*, et remplacer l'âpre châtaigne par ces gros marrons qui, pendant l'hiver, ajoutent un certain charme au vin clairet du coteau voisin. C'est par le moyen de la greffe en fente que s'opèrent ces heureuses transformations.

Pour pratiquer. voici comment il faut s'y prendre.

Coupez horizontalement la tête du sujet, au moyen d'une petite scie à main, rafraîchissez la coupe avec une bonne serpette, appliquez sur le diamètre de cette coupe une lame de couteau, frappez avec une mailloche sur le dos du couteau pour faire fendre la tige dans une longueur de 4 à 6 centimètres; mais, avant de retirer la lame, n'oubliez pas de mettre le petit coin dont je vous ai parlé pour maintenir la fente ouverte pendant que vous préparez la greffe.

Pour cette seconde opération, vous choisirez un rameau de la séve précédente, muni de deux ou trois bons yeux bien aoûtés; vous le taillerez en coin, avec le greffoir, de façon que le côté de l'écorce soit le plus épais; cela fait, vous écarterez légèrement la fente avec le coin, et vous y introduirez la partie entaillée du rameau, en maintenant l'œil de la base en dehors et à la hauteur de la coupe du sujet. Rappelez-vous bien surtout que le liber et les autres parties internes de la greffe et du sujet doivent se correspondre exactement, sans vous préoccuper de la partie extérieure des deux écorces. C'est par ce moyen seul que les séves seront en contact, qu'elles commenceront à s'élaborer lorsque les premières feuilles de la greffe seront sorties, qu'elles donneront ainsi la vie à cette greffe et s'épaissiront sur les bords de la plaie pour en former la soudure.

Quand vous avez bien pris toutes ces précautions, vous enlevez le coin, et la fente se resserre; mais, pour que le soleil, le vent, la pluie, ne puissent diminuer en rien les chances du succès, liez avec de la laine ou du jonc, puis recouvrez toutes les parties coupées ou fendues avec le fameux onguent de Saint-Fiacre.

Si vous greffez des sujets un peu forts, placez deux greffes en face l'une de l'autre (grav. 13) ; la séve n'en sera que plus active dans son ascension.

La greffe en fente se pratique au printemps, par un temps doux, plutôt humide que sec ; elle s'emploie pour tous les arbres à fruits, les arbres forestiers et les arbustes d'ornement. Ainsi, par exemple, on greffe en fente, en laissant à la tige du sujet la hauteur convenable, les cerisiers, les pruniers, les amandiers, les abricotiers et les pêchers à haute

Grav. 13. — Greffe double en fente.

tige, quelques variétés de poiriers, de pommiers, etc.

On peut aussi pratiquer cette greffe ras terre pour obtenir des pommiers nains, des rosiers en boule, de petits cerisiers en quenouille; enfin, on l'emploie quelquefois pour la vigne. Elle est fort utile dans les pépinières pour reprendre, au printemps, les sujets sur lesquels les écussons n ont pas réussi au mois d'août précédent.

GREFFE EN ÉCUSSON. — Cette greffe se fait avec une petite plaque d'écorce munie d'un œil qu'on détache adroitement d'un rameau pour la porter sur le sujet. On l'appelle greffe en écusson, parce que la plaque d'écorce ressemble à un écu ou bouclier. La principale condition, c'est que le sujet soit en séve, ce que vous reconnaîtrez facilement en faisant une légère incision avec la lame du greffoir pour y introduire la spatule; si l'écorce se détache, vous pouvez greffer.

Vous commencez donc par couper un rameau de l'année précédente, muni d'yeux parfaitement formés. Le rameau étant coupé, vous retranchez les feuilles en laissant les pétioles; si vous aviez plusieurs rameaux, vous feriez bien de les mettre dans un verre plein d'eau, pour empêcher l'air et la chaleur de les dessécher. Vous en prenez un, vous présentez la lame du greffoir à 1 demi-centimètre au-dessus de l'œil, n'enlevant ainsi qu'une lame d'écorce avec une légère partie d'aubier. Saisissant alors l'écusson par le pétiole, vous le retournez pour vous assurer de la quantité d'aubier qui y adhère; s'il y en a trop, vous en ôtez un peu avec précaution; s'il n'en est pas resté et que le germe de l'œil soit détruit, vous rejetez l'écusson pour en lever un autre.

Ceci fait, vous mettez le bout du pétiole dans votre bouche et vous maintenez l'écusson avec vos lèvres, pendant que vous pratiquez sur la tige ou sur l'une des branches principales du sujet deux incisions, l'une horizontale, l'autre verticale, de manière à n'en entamer que l'écorce et à former la figure d'un T (grav. 14); vous écartez les bords de l'incision verticale avec la spatule du greffoir, puis vous saisissez avec le pouce et l'index de la main gauche le pétiole de l'écusson pour l'insinuer sous les lèvres de l'incision verticale, en faisant toucher exactement le haut de cet écusson au bord de l'incision horizontale. Cette opération terminée, vous liez avec de la laine ou du jonc en passant deux fois la ligature au-dessus de l'œil (grav. 15), sans le couvrir, et continuant en dessous de manière à mettre à l'abri du contact de l'air la plaie faite par le greffoir; au bout d'un mois la réunion des écorces s'est opérée, la greffe est prise.

Œil poussant et œil dormant. — L'écusson se fait à deux époques de l'année. Si vous opérez de la fin de mai à la mi-juin, le bouton inséré se développe tout de suite : on l'appelle pour cela greffe à *œil poussant;* si vous greffez de la fin de juillet à la mi-août, le bouton ne pousse pas immédiatement et ne se développe qu'au printemps suivant : on dit alors que c'est là une greffe à *œil dormant.*

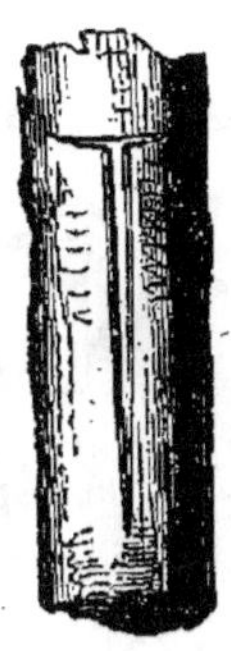

Grav. 14. — Incision en T pour la greffe en écusson.

Grav. 15. — Ligature de la greffe en écusson.

Dans la greffe à œil poussant, il ne faut couper la tête du sujet qu'un ou deux mois après le développement de la greffe. Pour l'œil dormant, vous pouvez retrancher cette même tête dans le courant de l'hiver.

La greffe en écusson est la plus répandue dans les pépinières ; on l'applique à tous les fruits à noyaux : dans ce cas, on peut greffer à hauteur de tige. Pour les fruits à pepins on greffe le plus ordinairement ras terre, à œil dormant ; c'est ainsi qu'on opère pour les poiriers sur franc et sur coignassiers, pour les pommiers, pour les pêchers à basse tige, pour les rosiers, etc.

GREFFE EN COURONNE. — Voici comment cette greffe se pratique : si vous avez un gros arbre dont la tête se déforme ou commence à périr, ou si vous voulez changer la nature de cet arbre, vous sciez le tronc à la hauteur qui vous convient ; vous unissez la coupe, et sur le tour de cette coupe, vous soulevez l'écorce de manière à la séparer de l'aubier ; vous prenez deux, trois, quatre ou cinq rameaux que vous taillez en bec de flûte avec un petit cran à la partie supérieure de ce bec de flûte; puis vous les introduisez les uns après les autres entre l'écorce et l'aubier, vous liez sans serrer, vous couvrez la plaie, et la greffe est faite. Ce moyen est moins employé que les autres dans les pépinières, mais il est utile dans les vergers et dans les jardins pour renouveler de vieux arbres.

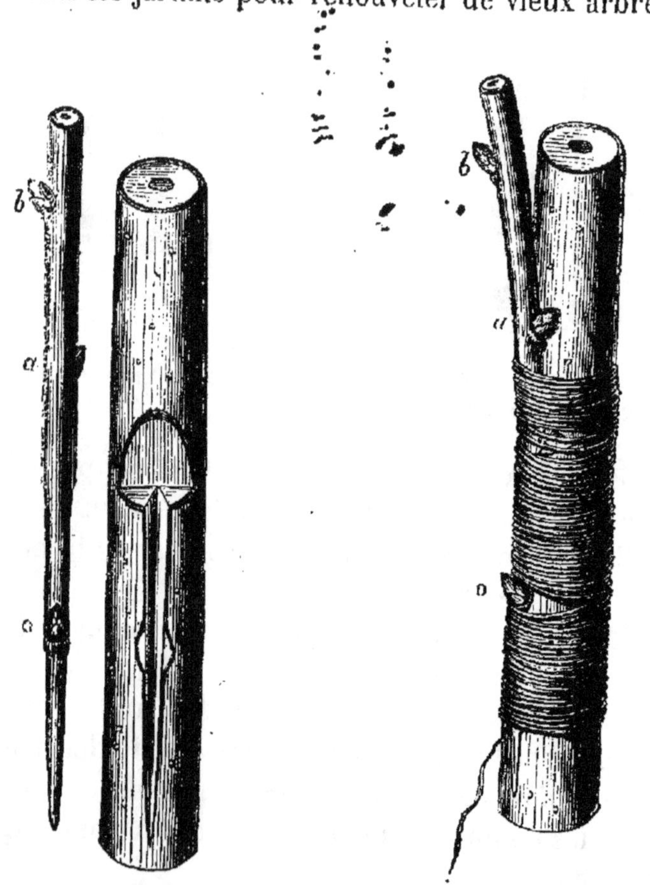

Grav. 16. — Greffe de côté.   Greffon lié au sujet de côté.

GREFFE EN PLACAGE. — Cette greffe nous fut apportée de Belgique, il y a environ vingt ans; elle est en usage dans les établissements de commerce pour propager les espèces rares et nouvelles; la pratique en est bien simple. Vous avez vu souvent la coche du boulanger: elle se compose, vous le savez, de deux portions séparées que l'on peut réunir au moyen d'une entaille pratiquée obliquement à la base : la greffe en placage se réunit à son sujet par le même procédé. La tige de ce sujet reçoit, à la hauteur où l'on veut placer la greffe, une entaille oblique et profonde de 5 à 10 millimètres, suivant sa grosseur; puis, à 3 centimètres au-dessus de cette entaille, on entame avec le greffoir l'écorce et l'aubier, que l'on enlève en descendant jusqu'à l'entaille. Sur la greffe, on enlève également l'écorce et le bois de manière à faire une plaie semblable à celle du sujet, on coupe obliquement la base pour qu'elle rentre parfaitement dans l'entaille, on réunit alors les deux parties, on les plaque l'une sur l'autre et on les maintient par une bonne ligature de laine. Si le contact est parfait, l'opération doit réussir.

J'oubliais de vous indiquer la manière de choisir la greffe : on prend ordinairement l'extrémité d'un rameau bien aoûté, muni de son œil terminal; néanmoins on peut se servir d'une portion de rameau avec un ou deux yeux. J'oubliais encore de vous dire qu'il ne faut pas supprimer immédiatement toute la tête du sujet; on laisse un ou deux rameaux qu'on enlève seulement lorsque la greffe est bien prise.

Greffe de côté (grav. 16). — Les praticiens ont aussi adopté depuis peu une nouvelle greffe, à l'aide de laquelle ils obtiennent des branches horizontales sur la tige d'un arbre à fruit qui en est démunie; on appelle cette greffe *greffe de côté*. La gravure ci-contre me dispense de vous en faire la description.

Greffe herbacée, ou greffe en herbe. — Cette greffe se pratique assez souvent pour la multiplication de certains conifères; elle repose sur ce principe que la greffe peut s'unir au sujet par cicatrisation des substances charnues; que les plaies faites aux feuilles, aux fruits, à toutes les parties herbacées d'une plante, se cicatrisent aussi facilement que celles faites aux conduits séveux d'une tige ligneuse.

Ainsi donc, au moment où un arbrisseau est en pleine sève,

c'est-à-dire dans le courant du mois de mai, coupez votre

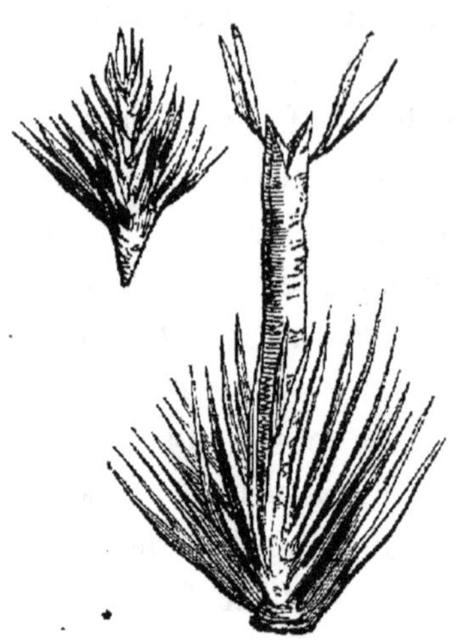

Grav. 17. — Greffe herbacée.

sujet immédiatement au-dessous du bourgeon terminal de l'année, faites sur le diamètre de la partie amputée un encochement en forme de V (grav. 17); prenez ensuite un bourgeon sur l'arbre que vous voulez multiplier, lorsqu'il a atteint de 6 à 8 centimètres de longueur; taillez-le de manière qu'il puisse remplir exactement la coche pratiquée sur le sujet, opérez la ligature, puis recouvrez avec de la cire que vous aurez rendue plus molle en y mêlant une certaine quantité de suif.

Ce n'est pas tout : il faut avoir soin de préserver cette greffe, pendant quelque temps, du contact de l'air et de la lumière. Si vous opérez sur de jeunes sujets élevés en pots, le moyen le plus simple sera de les mettre sous un châssis bien ombragé; mais, si vous avez posé vos greffes sur des arbres plantés à l'air libre, il vous faudra chercher un autre expédient. J'ai vu, dans ce cas, des horticulteurs couvrir le sommet de la branche greffée à l'aide d'une poche en papier qu'ils fixaient adroitement au-dessous de la greffe par un lien de laine ou de chanvre. Inutile de dire que, quand la reprise est assurée, on doit ôter cette couverture.

Voilà, mes enfants, ce que j'avais à vous dire sur l'art de greffer; ce n'est, sans doute, qu'un résumé rapide de tout ce qui a été écrit sur ce vaste sujet, et, si plus tard vous vouliez approfondir la matière, vous pourriez consulter des livres plus complets et plus savants. Je vous citerai, entre autres, la *Monographie de la Greffe*, par André Thouin; le *Traité complet de la Greffe*, par Louis Noisette; les *Cours d'Arboriculture*, de MM. Dubreuil et Cossonet ; enfin le V° volume de la *Maison rustique*, qui réunit tous les systèmes.

CHAPITRE V

DE LA PLANTATION

ONZIÈME LEÇON

REPIQUAGE. — MISE EN JAUGE ET EMBALLAGE DES JEUNES PLANTS.

Repiquage. — Le repiquage a pour but d'enlever et de transplanter en pépinière les jeunes plants semés à la volée ou en rayons, qui se nuisent mutuellement. Je dis en pépinière, car il ne faudrait pas les mettre immédiatement en place dans les carrés où ils doivent attendre le moment de la transplantation définitive : ils souffriraient beaucoup, parce qu'ils séraient trop éloignés les uns des autres et que, dans ce cas, le soleil en dessécherait une partie, tandis que le reste ne fournirait qu'une végétation languissante. Pour les semis à la volée, on repique ordinairement au bout de la première année. Pour les semis en rayons qui ont été convenablement éclaircis, on peut attendre deux ans.

Le repiquage comprend trois opérations distinctes : la *déplantation*, la *préparation* ou l'*habillage*, et la *plantation*.

DÉPLANTATION. — La *déplantation* peut se faire en creusant à l'une des extrémités de la planche du semis une tranchée dont la profondeur dépasse un peu l'extrémité inférieure des racines, de sorte qu'en minant le terrain successivement, on soulève les jeunes plants sans endommager le chevelu.

HABILLAGE. — L'*habillage* consiste à couper, avec un instrument bien tranchant, les racines endommagées et à supprimer une petite partie du pivot ; cette dernière opération a pour but de forcer la racine principale à se ramifier.

Je sais que quelques horticulteurs n'approuvent pas cette suppression d'une partie du pivot ; ils prétendent que l'opération nuit au développement futur et à la beauté de la tige de l'arbre ; mais l'expérience prouve que le pivot ne sert qu'à fixer le plant dans le sol, pendant les trois premières années de la végétation ; ce temps passé, il ne prend plus d'accroissement, il se ramifie, et dans des arbres âgés on en retrouve difficilement la trace. Donc, en opérant cette section, on ne fait que devancer la nature et l'on favorise le développement du chevelu, qui, placé plus près de la surface du sol, fonctionne avec énergie.

Plantation. — Pour la *plantation*, vous faites, dans un terrain bien préparé, une rigole de 15 à 20 centimètres de profondeur, et vous y placez un à un chaque plant à 20 ou 30 centimètres les uns des autres ; vous recouvrez la première rigole en faisant la seconde, et ainsi de suite. Il est inutile de dire qu'à chaque rangée de plant vous opérez sur la terre qui la recouvre un léger tassement avec le pied ou le dos d'une pelle.

Époque des repiquages. — L'époque des repiquages varie, suivant qu'il s'agit d'espèces à feuilles caduques ou d'espèces à feuilles persistantes. Pour les premières, il faudra toujours opérer à l'automne, lorsque les feuilles commenceront à tomber ; par ce moyen, le nouveau plant développe ses racines pendant l'hiver, prend possession du sol et se défend alors beaucoup mieux des sécheresses du printemps. Si pourtant vous voulez transplanter dans une terre compacte et humide, il sera préférable de choisir le mois de mars, lorsque ce sol sera bien égoutté et commencera à se réchauffer.

Pour les espèces à feuilles persistantes, dont la végétation est presque continue, il faut choisir soit.les premiers jours de septembre, soit la mi-avril ; à ces deux époques, la végétation est encore assez active pour que la reprise puisse s'opérer facilement.

Mise en jauge et emballage des jeunes plants. — Lorsque le plant qu'on vient d'arracher ne peut être transplanté immédiatement, il faut ouvrir un sillon dans un coin bien ombragé de la pépinière, et y déposer les jeunes arbres en attendant le moment de les repiquer en place. C'est ce qu'on appelle mettre en *jauge*. Si le plant arraché doit être transporté à des distances plus ou moins grandes, vous l'emballerez soigneusement par petits paquets de cent ou deux cents, selon sa grosseur, en enveloppant les racines avec de la mousse fraîche recouverte de paille. Quant aux conifères, il faut tâcher de les enlever soigneusement avec une motte de terre, parce que leurs racines se dessèchent très-facilement au contact de l'air.

DOUZIÈME LEÇON

TRANSPLANTATIONS EN PÉPINIÈRES.

Transplantations en pépinières. — Lorsque les plants repiqués ont acquis la grosseur nécessaire, on doit les transplanter dans les carrés de la pépinière, pour qu'ils puissent y prendre tout leur développement; c'est là que les acheteurs viendront les choisir pour faire leurs plantations à demeure. Cette opération, comme celle du repiquage, est complexe et se divise en trois opérations également importantes : 1° l'*arrachement*, 2° l'*habillage*, 3° la *transplantation*.

ARRACHEMENT. — L'arrachement doit se faire par un temps doux, vers la fin de l'automne, pour les arbres à feuilles caduques, et au commencement du printemps pour les arbres à feuilles persistantes; l'automne est toujours préférable pour les plants d'arbres à fruits.

Gardez-vous surtout d'arracher par un temps sec et froid : les racines se dessécheraient trop vite et la reprise serait difficile. Le mode d'arrachement est à peu près le même pour la transplantation et pour le repiquage ; cependant, si les plants étaient trop éloignés les uns des autres, vous pourriez vous dispenser d'ouvrir une tranchée et vous contenter d'arracher chaque plant, en dégarnissant d'abord autour de la tige et en soulevant ensuite sans endommager les racines.

HABILLAGE. — Une fois cette première opération terminée, vous procédez à l'habillage : à cet effet, vous enlevez, avec un instrument bien tranchant, l'extrémité des racines rompues ou desséchées, puis vous retranchez également l'extrémité des rameaux, afin de maintenir un équilibre parfait entre l'étendue respective de ces deux organes. Nous reviendrons dans un instant sur l'opportunité de cette suppression des rameaux et sur les raisons physiques qui doivent vous guider dans cette circonstance.

TRANSPLANTATION. — La transplantation se fait le plus tôt possible après l'arrachement ; la [distance entre chaque plant dépend de la nature des sujets qu'on veut transplanter. Pour les arbres forestiers, elle doit être de 70 centimètres en tous sens ; pour les arbres à fruits, un espace de 50 centimètres me paraît suffisant. En conséquence, vous tracez sur le terrain des lignes parallèles dans le sens de la longueur d'abord, puis dans le sens de la largeur, et c'est au point d'intersection de ces lignes que vous ferez les trous. Ils doivent être assez larges et assez profonds pour que les racines s'y étendent à l'aise et pour que la tige y soit enterrée jusqu'au collet. Ceci fait, vous placez votre plant, vous couvrez les racines de terre après les avoir convenablement disposées, vous saisissez la tige en lui imprimant un léger mouvement semblable à celui du pilon, pour que la terre s'intercale plus facilement, vous plombez avec le pied, et vous finissez de couvrir jusqu'à 2 centimètres au-dessus du collet.

Pour les arbres et arbustes, on opère de la même manière ;

mais le plus ordinairement, et surtout pour les végétaux à feuilles persistantes, on ne retranche aucune partie de la tige.

Je vous ai déjà dit que les conifères doivent être arrachés avec leur motte; si cette précaution est utile pour le repiquage, elle devient indispensable pour la transplantation.

TREIZIÈME LEÇON

PLANTATIONS A DEMEURE.

Plantations à demeure. — CHOIX DE L'ÉPOQUE. — On plante à l'automne; mais on peut aussi planter au printemps; de ces deux époques, laquelle doit-on préférer?

Il arrive souvent qu'on choisit la saison d'hiver pour faire dans les jardins les travaux de défoncement et de nivellement; on est retardé quelquefois par les pluies et les frimas; le printemps survient, on se hâte alors de faire des trous pour y placer les arbres; puis, quand viennent les chaleurs de l'été, ces végétaux, qui n'ont pas eu le temps de se munir de racines, s'efforcent en vain d'émettre de faibles rameaux qu'ils ne peuvent nourrir, et qui sont brûlés par le soleil à mesure qu'ils essayent de se développer. Il arrive encore que des amateurs plus diligents ont visité la pépinière dès le commencement de novembre pour choisir les meilleurs sujets, que les espèces les plus recherchées, les plus vigoureuses, sont enlevées et que dès lors vous ne trouvez au printemps que des arbres rabougris et mal faits.

La saison d'automne me semble donc la meilleure pour la plantation : les jeunes racines se forment et sé développent pendant l'hiver, les bourgeons grossissent de bonne heure, sortent avec plus de force, s'allongent et résistent plus facilement pendant les jours brûlants de juillet et d'août.

A cette règle il y a pourtant quelques exceptions : ainsi dans

une terre profonde, humide et compacte, il vaut mieux planter
au printemps; il faut encore attendre cette dernière époque
pour les arbres délicats qui craignent les fortes gelées; mais,
croyez-moi, si vous avez un sol maigre, léger, brûlant, plantez
à l'automne, vous obtiendrez toujours des résultats plus
heureux.

CONDITIONS GÉNÉRALES DE REPRISE. — Quant aux conditions
générales de reprise, les plus essentielles consistent toujours
à bien arracher en pépinière, à rafraîchir convenablement les
racines, à retrancher avec discernement certaines parties de
la tige, à faire de bons trous, à planter le plus tôt possible
après l'arrachement.

« C'est une chose vraiment déplorable, dit M. Dubreuil, que
le peu de soin apporté généralement à la déplantation des
arbres; cette opération, telle qu'elle est faite par la plupart
des jardiniers, mérite bien le nom d'arrachage; on croirait, à
les voir tirer sur les arbres à peine dégagés de la terre qui
retient leurs racines, et couper avec la bêche ou la pioche
celles qui résistent à leurs efforts, que ces racines sont des
organes superflus dont on peut sans inconvénient retrancher
la plus grande partie, tandis que ce sont ceux dont la conser-
vation est la plus utile au succès de la plantation. »

Vous le voyez, les hommes experts en la matière regardent
la *déplantation* comme une opération fort importante; il est
donc formellement recommandé, quand on veut arracher un
arbre, de pratiquer, sur un rayon de 30 à 40 centimètres à
partir du tronc, une tranchée circulaire, d'enlever la terre, de
creuser en dessous et de ne soulever l'arbre qu'après avoir
dégagé toutes les racines qui le retiennent au sol; si vous êtes
obligé d'en couper quelques-unes, faites-le toujours avec précaution et sans abuser de ce moyen.

Pour rafraîchir les plaies faites à ces racines, vous les couperez sans les raccourcir, c'est-à-dire immédiatement au-
dessus de la plaie. Vous ferez la coupe en biseau, de manière
que la partie coupée porte sur la terre; enfin, vous retranche-

rez, selon les circonstances, une portion des branches et des rameaux.

Selon les circonstances : j'emploie ces mots à dessein. Vous avez entendu, sans doute, plusieurs jardiniers répéter ce vieux proverbe : « Si je plantais mon père, je lui couperais la tête. » C'est comme si l'on disait : Toutes les fois que vous transplantez un arbre, abattez sans discernement, sans réflexion, les branches qui forment la partie supérieure de sa tige.

Entendu dans ce sens, le proverbe est faux, et voici pourquoi.

Dieu, quand il créa l'arbre, eut soin d'établir entre ses racines et ses branches des relations directes, une correspondance active, nécessaire, dont la tige est le docile intermédiaire. Si vous voyez un arbre qui projette au loin ses branches vigoureuses, vous pouvez affirmer que ses racines longues et fortes se développent à l'aise. Cet autre, au contraire, planté sur un roc dans lequel les racines ont de la peine à se frayer un passage, vivra toujours chétif et rabougri. Mais coupez quelques grosses racines au pied de l'arbre vigoureux, bientôt ses branches principales languiront et finiront par mourir. Coupez, au contraire, toutes les branches de l'arbre rabougri, la tige se desséchera, les racines, par un suprême effort, projetteront hors de terre quelques faibles rameaux; puis bientôt tout périra.

Si donc, en arrachant un arbre pour le transplanter, vous parvenez à conserver toutes ses racines sans les mutiler, vous pourrez aussi garder la plus grande partie des branches et des rameaux; si, au contraire, vous ne conservez que peu de racines, si vous êtes obligé de les raccourcir, tranchez aussi les rameaux et même quelquefois les branches principales. En un mot, quand vous plantez, cherchez à établir, autant que possible, un parallélisme de force entre les racines et la tête; rétablissez cet équilibre si nécessaire et si habilement combiné.

Les *trous*, selon quelques personnes, doivent être faits

assez longtemps à l'avance pour que la terre extraite puisse être assainie, rendue plus friable par le contact de l'air. Cette précaution est utile lorsqu'on plante dans un terrain neuf, dans un sol compacte, et qu'on est forcé de remettre sur les racines de l'arbre la terre qui a été tirée de la fosse. Mais, toutes les fois que la plantation a lieu dans un jardin et qu'on peut y apporter du terreau ou des terres amendées pour remplir les trous, je crois qu'on peut creuser ces trous quelques jours seulement avant la plantation.

Quant à la dimension en largeur, il faut qu'elle soit proportionnée à la longueur des racines, qui doivent être étendues et placées dans leur position naturelle. La profondeur variera, pour les grands arbres, de 60 à 80 centimètres; pour les arbres à fruits, de 50 à 60 centimètres; pour les arbustes, de 30 à 40 centimètres.

Le plus ordinairement, on fait les trous de forme carrée; quelques jardiniers conseillent la forme circulaire. Je penche pour ce dernier avis, parce que, l'arbre étant placé au centre, ses racines trouveront un espace égal à parcourir de tous les côtés, tandis qu'au milieu d'un trou carré les racines qui se dirigeront sur les côtés trouveront plus tôt la terre non remuée que celles qui prendront une direction diagonale.

La *plantation* se fait par un temps doux, ni trop sec, ni trop humide. On commence par mettre au fond du trou une couche de terre ou de terreau bien ameubli, on pose le sujet de manière que le collet se trouve à 2 ou 3 centimètres environ au-dessus du niveau du sol; on place les racines, on les étend en leur donnant une direction horizontale, légèrement inclinée vers le fond du trou, puis on les recouvre avec une première couche de bonne terre, d'environ 12 centimètres d'épaisseur. On saisit alors la tige, en lui imprimant le mouvement de va et vient dont j'ai déjà parlé, on met une seconde couche, on opère avec le pied un léger tassement; enfin, on égalise le terrain, et l'arbre est planté.

Si vous faites une plantation en ligne, vous aurez soin de

placer d'abord les deux arbres qui doivent former les deux extrémités de la ligne; vous ferez en sorte que les tiges soient parfaitement perpendiculaires, et vous alignerez tous les autres sur ces deux premiers jalons.

Avant de terminer cette leçon, je veux vous dire que, de nos jours, on déplante des arbres de 15 à 20 ans pour les transporter sans secousse, sans blessures, sur un point déterminé. C'est à l'aide d'une machine fort ingénieuse et très-puissante que M. Stewart enlève en moins de 20 minutes et sans endommager une seule racine, des arbres tout venus, qu'il dépose dans un grand trou préparé d'avance. Les premières expériences ont parfaitement réussi, et, depuis quelques années, on emploie ce moyen pour orner les places publiques et les boulevards de la capitale.

CHAPITRE VI

DE LA TAILLE

QUATORZIÈME LEÇON

OBSERVATIONS PRÉLIMINAIRES. — TAILLE DES ARBRES.

Observations préliminaires sur la taille. — Il existe sur la taille des arbres une foule de traités spéciaux parmi lesquels on trouve des ouvrages remarquables, tant sous le rapport de la science théorique que sous celui des opérations pratiques et des détails propres à chaque espèce d'arbre, à chaque forme, à chaque système. Je n'ai donc pas la prétention de donner, dans un livre de deux cents pages, des notions complètes sur la taille des arbres fruitiers.

Poser pour les jeunes gens de nos écoles des principes généraux, des données exactes qui puissent s'appliquer à tous les genres de taille, aux arbres en plein vent comme à ceux qu'on dresse sur les espaliers ou qu'on élève en pyramide; parler sommairement des diverses opérations au moyen desquelles on peut donner aux végétaux ligneux une forme élégante, une végétation vigoureuse, une fertilité convenable, tel est le but que je veux m'efforcer d'atteindre.

Quant aux instituteurs, ils devront se reporter aux livres plus savants et plus complets de quelques-uns de nos arboriculteurs distingués; ils feront bien surtout de donner leurs leçons devant les arbres même et face à face avec la nature; c'est là qu'en soutenant par des explications claires et précises l'attention de leurs jeunes élèves, ils pourront aplanir successivement les difficultés innombrables qui se présentent à chaque pas dans cette belle science de la taille.

Je recommande surtout le *Traité d'arboriculture* de M. Dubreuil, les *Cours de taille* de M. Lepère, de M. Cossonnet et de M. Dalbret; enfin le Ve volume de la *Maison Rustique du XIXe siècle.*

Taille des arbres. — La taille des arbres est en général fondée sur les principes suivants :

1° Si vous coupez la partie supérieure d'une branche immédiatement au-dessus d'un œil, vous obligez la séve à se détourner dans cet œil, qui se développe alors avec plus de force;

2° En coupant les branches qui poussent sur le côté, vous favorisez toujours la végétation de la tige principale.

3° Si vous supprimez l'œil terminal de cette tige, vous obtenez le développement des yeux inférieurs, qui produisent des branches et forment, selon la manière dont on les conduit, une pyramide, un buisson ou une tête plus ou moins arrondie.

Ainsi donc, lorsque vous voulez élever un jeune sujet sur une seule tige et lui faire former une belle tête, vous choisissez, avant le réveil de la végétation, la branche la plus vigoureuse, la plus centrale, la plus droite; vous coupez, ou plutôt vous cassez toutes les autres à une longueur de 15 ou 16 centimètres, et si, pendant la pousse du printemps, vous voyez se développer quelques scions latéraux, vous les taillez sur deux yeux; c'est ce qu'on appelle *crocheter*. Lorsque l'automne est arrivé, vous rabattez jusque sur la tige les branches cassées, les scions crochetés, puis, si votre branche principale s'est bifurquée, vous cassez l'extrémité du côté le moins vigoureux, que vous supprimez en entier à la taille suivante, c'est-à-dire au printemps. Lorsque enfin le sujet vous paraît assez haut, vous pincez le bourgeon terminal de la tige, et bientôt vous voyez se développer, au-dessous du pincement, quatre ou cinq rameaux qui formeront la tête de votre arbre et qui devront être eux-mêmes taillés ou raccourcis sur de bons yeux pendant un ou deux ans, pour donner des branches vigoureuses et bien fournies.

Désirez-vous obtenir un arbre garni depuis le bas et formant la pyramide : choisissez également votre tige centrale, mais, au lieu de la laisser monter librement et de casser les branches latérales ou de crocheter les scions, rabattez la première pousse à 50 ou 60 centimètres du sol; rabattez encore, l'année suivante, la seconde pousse à 25 ou 30 centimètres : vous forcerez ainsi les yeux latéraux à se développer en rameaux sur toute l'étendue de la tige, qui ne tardera pas à en être bien garnie. Ces rameaux seront eux-mêmes raccourcis en taillant ceux de la base toujours plus longs et en diminuant cette longueur, à mesure que vous vous rapprocherez du sommet de la tige.

Voulez-vous un buisson : rabattez votre sujet à 6 ou 7 centimètres de terre, laissez pousser tous les rejetons, mais raccourcissez chaque année pour maintenir la forme et l'équilibre de la végétation.

Ces trois modes de taille sont employés dans les pépinières pour dresser ou conduire les arbres ou arbustes à feuilles caduques, ainsi que la plupart des arbrisseaux à feuilles persistantes. Parmi ces derniers, cependant, quelques-uns redoutent le tranchant acier. Si vous coupez, par exemple, quelques branches inférieures d'un arbre résineux (on ne doit jamais retrancher tout ou partie du bourgeon terminal), les plaies ne se recouvriront que très-lentement, souvent même il se formera des égouts. Il faut, pour prévenir ces accidents, et quand les circonstances vous forceront à mutiler un conifère, laisser un *ergot* de 6 à 7 centimètres, et, de plus, garnir la plaie avec de la cire ou du goudron.

PINCEMENT. — Le *pincement*, ou taille en vert (grav. 18),

Grav. 18. — Pincement.

consiste à supprimer, pendant la végétation, l'extrémité encore herbacée d'un bourgeon pour arrêter sa croissance et renforcer les yeux latéraux de la base. On l'emploie beaucoup pour la conduite des arbres fruitiers; nous en parlerons plus loin.

ÉLAGAGE. — L'*élagage* est l'opération par laquelle on supprime chaque année, pendant le sommeil de la végétation, le bois mort et les branches inutiles des grands arbres; les petites sont coupées à la serpette, les grosses avec la scie à main.

Dans ce second cas, on a soin de rafraîchir avec un instrument tranchant la surface amputée et de la couvrir immédiatement avec du goudron.

TONTE. — On se sert de cette expression pour désigner la taille des buissons et des bordures; elle se fait avec des forces ou cisailles (grav. 19), soit avant la pousse du printemps, soit

Grav. 19. — Cisailles à tondre.

avant celle d'août, quelquefois même aux deux époques. Il est bon de remarquer ici que plusieurs arbustes d'ornement, tenus le plus souvent en boule ou en buisson, ne portent fleur que sur le bois de l'année précédente, comme les lilas, les seringas, les ribes et autres. On ne devra les tondre que tous les deux ou trois ans, et seulement avant la pousse du printemps, pour ne pas être privé, chaque année, de leur odorante et fraîche parure. D'autres fleurissent sur la pousse de l'année, comme les jasmins. Pour ceux-ci, vous n'avez rien à craindre, vous pouvez tondre de très-près et tous les ans.

CHAPITRE VII

TAILLE DES ARBRES A FRUITS

QUINZIÈME LEÇON

PRINCIPES GÉNÉRAUX SUR LA TAILLE DES ARBRES FRUITIERS.

La taille des arbres fruitiers a pour but :

1° De donner aux sujets une forme régulière, élégante, et, de plus, en rapport avec l'espace qu'ils doivent occuper;

2° D'obtenir, sur toute l'étendue des branches principales ou charpentières, une série de petites branches portant des boutons à fruit;

3° De rendre la fructification plus égale et d'éviter les intermittences;

4° D'augmenter le volume et la saveur des fruits.

Il est, en effet, bien reconnu qu'un arbre taillé en pyramide, en quenouille ou en gobelet, tient moins de place que celui qui pousse en liberté; que la taille en espalier fait développer des branches régulières et symétriques qui occupent utilement, en les couvrant de fruits et de verdure, des parties de murailles qui, sans cela, resteraient nues et stériles; que si vous abandonnez un arbre à lui-même, il se dégarnit rapidement de rameaux à fruit dans sa base, pour n'en conserver qu'au sommet de ses branches.

Il est certain encore que si vous retranchez avec soin les rameaux et les boutons surabondants, vous soulagez les membres et la tige principale de telle sorte qu'il y aura, chaque année et sans intermittence, un certain nombre de boutons à fleurs qui produiront des fruits; l'expérience a prouvé, au contraire, que, pour les arbres non soumis à la taille, il y a le plus ordinairement une année d'abondance et une année de stérilité. Quelquefois même deux années stériles pour une fertile.

Enfin, vous comprendrez facilement que toute la sève, tous les fluides nourriciers qu'auraient absorbés les parties supprimées, se porteront aux boutons que vous aurez conservés et tourneront au profit des fruits, qui, dès lors, seront mieux nourris et de meilleure qualité.

Pour obtenir ces résultats, on a recours à une série d'opérations pratiques, basées sur la théorie, c'est-à-dire sur la connaissance des lois de la physiologie végétale; c'est pourquoi je n'ai jamais admis qu'il fût possible de bien tailler un arbre sans avoir préalablement étudié les organes intérieurs et extérieurs de cet arbre, sans connaître la structure des fleurs et des fruits, la marche de la séve et la manière dont elle s'épanche depuis la tige principale jusqu'au bout des rameaux et des feuilles.

Mais poursuivons; posons encore quelques principes généraux pour arriver plus facilement aux détails et aux spécialités.

1° La régularité de la forme dépend surtout de l'égale répartition de la séve dans toutes les parties du sujet soumis à la taille. Vous savez déjà que la tige principale et verticale a le privilége d'attirer vers son sommet tous les fluides nourriciers. Or la première opération pour former un arbre consiste à retrancher ou à rabattre cette tige principale, qui, d'après les lois naturelles, tendra toujours à se réformer et à reprendre sa direction. Il faudra donc maintenir l'équilibre, l'égalité de force et de vigueur dans chaque ramification, de peur que la charpente de l'arbre ne soit privée de quelques-uns de ses membres ou que l'un d'eux, plus fort que les autres, ne vienne détruire l'harmonie de la forme que vous avez voulu lui imposer.

Plusieurs moyens vous sont offerts pour atteindre ce but; voici les principaux : courber la partie forte et redresser la partie faible; si c'est un arbre en espalier, serrer les liens de la partie forte, lâcher ou supprimer ceux de la partie faible; supprimer de bonne heure tous les bourgeons inutiles du côté fort, pratiquer cette suppression le plus tard possible sur le côté faible; enfin, tailler court la branche que vous voulez affaiblir, et tailler long celle à laquelle vous voulez donner de la force.

2° Pour obtenir sur toute l'étendue des branches principales ou charpentières une série de branches à fruit, il faut ralentir la marche de la séve, l'entraver même quelquefois, afin que, circulant moins vite, elle subisse une préparation plus complète dans les feuilles et soit plus propre à former des boutons à fleurs. On arrive à ce résultat par la position plus ou moins horizontale des branches charpentières, par la courbure des ramifications, le cassement partiel ou total des rameaux, le pincement de tous les bourgeons qui se développent sur le corps des membres principaux, et par la taille, plus ou moins longue, du prolongement de ces membres.

3° Pour avoir une fructification égale et sans intermittence, il faut, au moment de la taille, supprimer un certain nombre de boutons à fleurs et tailler avec soin les rameaux que vous avez cassés ou pincés pendant l'été précédent. C'est à la base de ces rameaux que se forment ordinairement, pour l'année suivante, d'autres boutons à fleurs qui sont nourris par la séve qu'auraient absorbée les boutons retranchés.

4° La grosseur et la saveur des fruits dépendent de l'abondance de la séve qu'ils reçoivent; ils deviendront d'autant plus gros qu'elle pourra y pénétrer plus facilement.

En conséquence, il faudra ne laisser, en taillant, que les parties de rameaux nécessaires à l'accroissement symétrique de la charpente ou à la formation des productions fruitières : vous concentrerez ainsi une plus grande quantité de séve sur les parties conservées, et par conséquent sur les fruits;

Faire naître les rameaux à fruit directement sur la charpente de l'arbre et les maintenir très-courts : les fruits étant attachés tout près de la branche mère, ils recevront une influence directe de la séve qui favorisera leur développement;

Mutiler pendant la végétation tous les bourgeons qui ne sont pas utiles pour le prolongement des branches principales : cette mutilation, qui n'est autre chose que le pincement ou le cassement, arrête ou retarde l'absorption de la séve, qui s'épanche alors dans les fruits;

Enfin, ne laisser sur chaque arbre qu'un nombre peu considérable de fruits; la suppression doit s'opérer dès qu'ils ont atteint le cinquième de leur développement.

5° La séve fait développer des bourgeons plus vigoureux sur un rameau taillé court que sur un rameau taillé long : il est certain que si la séve n'agit que sur un ou deux bourgeons, son action sera plus forte que si elle est partagée entre huit ou dix. Ainsi, pour obtenir des rameaux à bois on taille court, parce que les rameaux vigoureux développent rarement des boutons à fleur; pour avoir des rameaux à fruit on taille long, parce que les rameaux languissants se chargent difficilement de boutons à bois.

Ces assertions vous paraîtront peut-être en désaccord avec ce que j'ai dit il y a un instant; mais le désaccord n'est qu'apparent. Quand il s'agit, dans un arbre en éventail, par exemple, de donner de la force au côté faible et de diminuer la vigueur du côté trop fort, on raccourcit seulement quelques rameaux et on diminue ainsi leur puissance d'absorption au profit de ceux qu'on allonge; mais, quand on veut *mettre à bois* un arbre qui se *tourne trop à fruit*, on agit sur toutes les parties du sujet, en raccourcissant les rameaux des deux côtés, et tous les bourgeons conservés profitent alors également de la surabondance de séve qui s'y porte.

6° La séve tend toujours à affluer vers l'extrémité des rameaux et fait développer le bouton terminal avec plus de force que les boutons latéraux. Il suit de là que si vous laissez pousser une branche sans raccourcir plus ou moins son extrémité supérieure, toute la force de végétation s'y portera, de manière que les yeux inférieurs périront et ne se développeront pas. C'est pourquoi il est nécessaire de rabattre chaque année une certaine partie du prolongement de la tige principale et des branches charpentières ; mais, pour avoir un nouveau prolongement, il faudra tailler sur un bouton à bois bien vigoureux et ne laisser au delà rien qui puisse le priver de l'action de la séve.

SEIZIÈME |LEÇON

DE LA DISTINCTION DU BOIS, DES BOUTONS ET DES YEUX SUR LES ARBRES A FRUIT.

Considérons un arbre fruitier vers le commencement de

l'hiver, lorsque les feuilles sont tombées : nous remarquons tout d'abord le *tronc* ou tige principale, qui supporte les *branches* latérales; ces branches supportent elles-mêmes des *rameaux*, qui sont terminés et garnis, sur toute leur longueur, par de petits *yeux* qui se sont formés à l'aisselle des feuilles. Quelquefois, un ou plusieurs de ces yeux se sont développés pendant l'été, pour former de petites ramifications que nous appellerons *faux rameaux*. Ainsi toute *branche* est terminée par une partie à l'état de *rameau;* elle porte, en outre, des *rameaux* latéraux qui peuvent avoir donné naissance à de *faux rameaux*. Les branches, suivant leur place et leur destination, se divisent en *branches charpentières*, qui forment la char-pente de l'arbre et en sont, pour ainsi dire, les membres; en *branches à fruit*, particulièrement destinées à la production des fleurs et des fruits. Ces dernières reçoivent encore des noms spéciaux, suivant les espèces d'arbres sur lesquels elles naissent; nous en parlerons plus tard.

Attendons la fin de l'hiver, et revenons aux *rameaux;* nous les voyons terminés par un, deux ou même trois *boutons*. Nous voyons aussi des *boutons solitaires* ou des *groupes* de deux ou trois boutons placés sur toute leur longueur. Enfin, nous aper-cevons encore des boutons de formes diverses garnissant les petites branches ou *branches à fruit*. Le printemps s'avance, ils vont tous s'épanouir. Les plus gros, les plus arrondis, ne donneront que des fleurs, ce sont les *boutons à fruit;* d'autres, un peu moins gros et plus pointus, ne produiront que des feuilles, on les appelle *rosettes;* enfin, les troisièmes s'allonge-ront en se garnissant de feuilles, et, tant qu'ils pousseront, vous les nommerez *bourgeons;* quand ils ne pousseront plus et qu'ils seront terminés par un œil, ils seront *rameaux*. A chaque feuille du bourgeon, il se forme, dès le commencement de l'été et bien avant qu'il soit rameau, de petits yeux, qui se développent quelquefois pendant la végétation; ce développe-ment est connu sous le nom de *faux bourgeon*. Quand vous verrez un bourgeon s'élancer et pousser avec plus de force que tous les autres, vous lui appliquerez le nom de *gourmand*.

En résumé, pendant l'hiver, nous voyons sur les arbres fruitiers :

1° La *tige principale;*

2° Les *branches charpentières* ou *membres;*

3° Les *petites branches* ou *branches à fruit* ou *productions fruitières;*

4° Des *rameaux* et des *faux rameaux;*

5° Des *yeux terminaux;*

6° Des *yeux latéraux;* ces derniers sont, suivant leur position, *opposés, alternes, solitaires, doubles* ou *triples*.

Au moment où la végétation va se réveiller, nous remarquons :

1° Des *boutons à fleur*, qui deviennent fruits s'ils n'avortent pas;

2° Des *boutons à feuilles* ou *rosettes*, qui deviennent eux-mêmes *boutons à fruit;*

3° Enfin, des *boutons à bois*, qui se développent et donnent naissance, pendant l'été, aux *bourgeons* et aux *faux bourgeons*, qui, par suite de la taille et des soins qui leur seront donnés, se transformeront en branches à fruit.

DIX-SEPTIÈME LEÇON

DES OPÉRATIONS DE LA TAILLE ET DES DIVERSES ÉPOQUES POUR LA PRATIQUER.

Opérations de la taille. — On peut diviser les opérations de la taille en deux séries bien distinctes.

La première série comprend toutes les opérations qui doivent avoir lieu pendant le sommeil de la végétation, c'est-à-dire de la mi-novembre à la mi-mars : c'est la *taille proprement dite.*

La seconde est composée des opérations qui ne peuvent se pratiquer que pendant la végétation active, c'est-à-dire de la mi-mai à la mi-septembre : c'est la *taille en vert*, ou taille d'été.

TAILLE PROPREMENT DITE. — Cette taille peut commencer après la chute des feuilles et se continuer jusqu'au moment où les yeux grossissent pour devenir boutons. Néanmoins, si vous êtes libres de choisir votre temps, je vous dirai, avec MM. Dubreuil, Lepère et beaucoup d'autres, que l'époque la plus favorable est celle qui suit immédiatement les fortes gelées de l'hiver et qui précède les premiers mouvements de la végétation.

On évite de tailler pendant les gelées, parce que le bois est plus dur, plus cassant, et que, les plaies ne pouvant se cicatriser avant le retour de la séve, on expose la coupe à l'influence du froid, qui peut avoir assez d'action pour faire périr le bouton près duquel on a taillé.

Pour tailler un arbre à fruit, on doit tout d'abord, si c'est un arbre en espalier, dépalisser les petits rameaux qui ont été attachés pendant l'été précédent, nettoyer les treillages, nettoyer l'arbre lui-même en enlevant avec une brosse ou le dos de la serpette la mousse, les insectes, les vieilles écorces, etc., détruire les liens usés et détacher ceux qui pourraient gêner la taille. Pour un arbre en pyramide, en quenouille ou en gobelet, on se contente de nettoyer avec soin la tige principale et chacune des branches charpentières.

Ces opérations terminées, vous commencez les sections ou amputations reconnues nécessaires suivant l'état de votre sujet; les principales sont :

1° Le *rabattage des prolongements*, tant de la tige mère que des branches latérales : il faut, en effet, chaque année, raccourcir plus ou moins, suivant la vigueur de l'arbre, les rameaux qui se sont développés sur la taille de l'année précédente et qui ont ainsi *prolongé*, soit la tige, soit les branches charpentières; on se sert pour cela de la serpette (je ne parle pas du sécateur : il mâche le bois et fait de mauvaises coupes); prenez donc votre serpette de la main droite, saisissez le rameau de la main gauche, au-dessous du point où vous voulez tailler; appliquez votre pouce comme un arc-boutant au-dessous de l'œil sur lequel vous devez tailler; présentez le tranchant de votre serpette au côté opposé, à 2 millimètres plus bas que l'œil, et coupez en vous y prenant de manière à terminer la coupe en biseau, à 1 millimètre au plus au-dessus de cet œil.

Maintenant, si vous désirez que le prolongement futur s'incline en dehors et s'écarte du centre, vous taillerez sur un œil placé en dehors; si, au contraire, vous désirez qu'il s'élève verticalement ou qu'il s'incline légèrement vers la tige principale, vous taillerez sur un œil placé en dedans. Faut-il, enfin, pour régulariser la forme, que le nouveau rameau se dirige à droite ou à gauche: coupez, suivant les circonstances, soit au-dessus de l'œil placé à droite, soit au-dessus de l'œil placé à gauche sur la branche soumise à la taille.

2° La *section des rameaux* à deux, trois, quatre ou cinq yeux, suivant la force de ces rameaux et la nature de l'arbre que vous taillez.

3° La *section d'un rameau* qui avait été pincé l'année précédente à l'état de bourgeon ou cassé à l'état de rameau.

4° La *taille des branches à fruit*, qui consiste, pour les arbres à noyau, à rabattre sur les yeux de remplacement la branche qui a donné le fruit; pour les arbres à pepins, à supprimer toutes les excroissances et tous les boutons inutiles sur les lambourdes ou autres productions fruitières.

5° La *suppression des boutons à fruit*, lorsqu'ils sont trop nombreux et qu'ils font craindre l'épuisement du sujet.

6° Enfin, le *cassement* de certaines branches, comme, par exemple, dans le poirier, le cassement d'une *brindille* qui n'est pas terminée par un bouton à fruit; l'opération se fait en enlevant complétement, à la main, le tiers supérieur de la branche. La cassure doit être faite immédiatement *au-dessous* d'un œil.

TAILLE EN VERT, OU TAILLE D'ÉTÉ. — Cette taille peut commencer dès que les bourgeons ont poussé de cinq ou six feuilles ; elle comprend :

1° Le *pincement des bourgeons* et des *faux bourgeons*. Cette opération se pratique avec les ongles du pouce et de l'index sur les deux ou trois dernières feuilles du bourgeon ; l'enlèvement de ces quelques feuilles terminales suffit ordinairement pour ralentir l'ascension de la séve et renforcer les yeux de la base.

2° La *torsion des bourgeons* qu'on a oublié de pincer (grav. 20).

Grav. 20. — Bourgeon soumis à la torsion.

Si quelques bourgeons ont été oubliés lors du pincement et qu'on s'en aperçoive au moment où ils ont déjà atteint une longueur de 20 à 30 centimètres, il sera trop tard pour les pincer ; mais alors vous les tordrez à 10 centimètres environ de leur base et vous les contournerez sur eux-mêmes à peu près comme si vous vouliez en faire l'anneau d'une réorthe.

3° Le *cassement partiel des rameaux*. Lorsque des bourgeons soumis au pincement ont néanmoins continué à pousser avec trop de vigueur et qu'ils sont devenus rameaux, on les soumet, vers la fin de l'été, au *cassement partiel* (grav. 21), c'est-à-dire qu'on les brise vers le tiers supérieur de leur longueur sans enlever la partie brisée, qui reste attachée aux deux tiers inférieurs par l'écorce et quelques parties d'aubier. Cette opé-

ration fatigue le rameau et favorise la transformation des yeux
de la base en boutons à fruit.

Grav. 21.—Rameau soumis au cassement partiel. Grav. 22.—Cassement complet.

4° Le *cassement complet*. On le pratique bien quelquefois à
la fin de la taille d'été (grav. 22); mais le plus souvent on doit
attendre le moment de la taille d'hiver.

5° Le *palissage*, qui consiste, sur les arbres en espalier, à
attacher le long des treillages, avec du jonc ou de petits liens,
les bourgeons au fur et à mesure de leur pousse. Il a pour
avantage de donner à ces bourgeons une direction convenable
et à l'arbre un aspect plus régulier. Vous éviterez d'enfermer
les feuilles dans les ligatures et de faire croiser les bourgeons
les uns sur les autres.

ENTAILLES OU INCISIONS. — Un mot, avant de terminer, sur
les *entailles* ou *incisions* qui se pratiquent en dessus ou en
dessous d'un œil ou d'un rameau, soit pour activer sa végétation, soit pour l'arrêter ou la ralentir.

Si, pendant l'été, certains rameaux latéraux s'étaient développés trop faiblement, il sera utile quelquefois de faire sur
la branche qui les supporte, immédiatement au-dessus du
point où ils naissent, une petite *entaille* qui pénétrera jusqu'à

la première couche de l'aubier. Cette entaille a pour effet de couper quelques-uns des vaisseaux séveux et de forcer alors la séve ascendante à se détourner dans le rameau pour augmenter sa force et son développement.

Un rameau latéral a-t-il, au contraire, acquis, malgré les pincements, une force disproportionnée, vous ferez l'*entaille* immédiatement au-dessous de son point d'attache : la marche de la séve sera entravée, l'effet contraire se produira.

Enfin, le bouton sur lequel on comptait pour former un rameau, et, plus tard, une branche, est-il endormi, hâtez-vous d'entailler l'écorce et la première couche d'aubier immédiatement au-dessus de ce bouton; il est presque certain qu'il se développera au printemps.

Les *entailles* se font avec une petite scie à main, pour que la plaie déchirée par les dents de la scie se cicatrise moins facilement.

DIX-HUITIÈME LEÇON

DE LA FORME DES ARBRES A FRUIT.

Principes généraux. — Posons tout d'abord quelques principes. Si nous nous reportons à ce que nous savons déjà de la circulation et de la marche de la séve, nous dirons qu'il faut éviter les coudes ou contournements trop prononcés des branches charpentières; ces branches, en effet, sont, passez-moi la comparaison, le lit du ruisseau dans lequel coule la séve, et celle-ci tendra toujours à s'échapper au dehors dans tous les points où se forment des courbes, c'est-à-dire que sur ces points il sortira presque toujours des gourmands.

La tige verticale attire sans cesse les fluides nourriciers vers son sommet; si donc vous la conservez intacte, elle s'élèvera avec trop de force et trop de vigueur; il vous sera très-difficile d'avoir des branches latérales. C'est pour cela que, dans la taille des arbres, on supprime tout ou partie du canal direct. Quand vous le supprimez tout entier, il est remplacé par deux branches latérales et obliques; quand vous vous contentez de le rabattre, vous obtenez un prolongement que vous raccourcissez chaque année pour l'empêcher de s'élancer trop rapidement.

Enfin, cette symétrie que l'on recherche n'a pas seulement pour but de plaire à l'œil et d'occuper utilement la surface des murs, elle est surtout nécessaire pour maintenir l'équilibre, l'égalité de la végétation dans toutes les parties aériennes de l'arbre et de faire apercevoir à l'instant même le point où cet équilibre est rompu.

Formes diverses des arbres à fruits. — Les formes que l'on donne aux arbres fruitiers peuvent se diviser en trois grandes séries : 1° Les formes en *espalier;* 2° les formes en *plein air;* 3° les formes de *haut vent, non symétriques.*

Formes en espalier. — Parmi les arbres qu'on dresse en espalier, on distingue encore : 1° ceux dont la tige principale est supprimée et remplacée par des tiges latérales plus ou moins obliques, plus ou moins nombreuses; 2° ceux dont la tige centrale est conservée et rabattue seulement à une certaine hauteur pour porter les bras latéraux, qui prennent alors une direction horizontale.

Dans la première catégorie nous avons :

La *forme en V* (grav. 23), aussi appelée *taille à la Montreuil.* Elle s'obtient en rabattant, la première année, la pousse de la greffe ou tige principale sur les deux yeux les plus bas et les mieux placés. La deuxième année, ces yeux ont produit deux branches *mères,* qui sont taillées très-court sur un œil situé par devant. Cet œil prolongera la branche mère, tandis que les yeux situés en dessous et toujours en dehors donneront naissance à deux branches inférieures ou *sous-mères.* La troisième année, on choisit parmi les rameaux de l'intérieur du *V* deux rameaux que l'on taille au-dessus du quatrième ou cin-

. quième œil et qui deviennent les branches *sous-mères* ou membres montants. L'arbre aura ainsi chacune de ses ailes formée par trois branches en éventail qui prendront, à mesure qu'elles

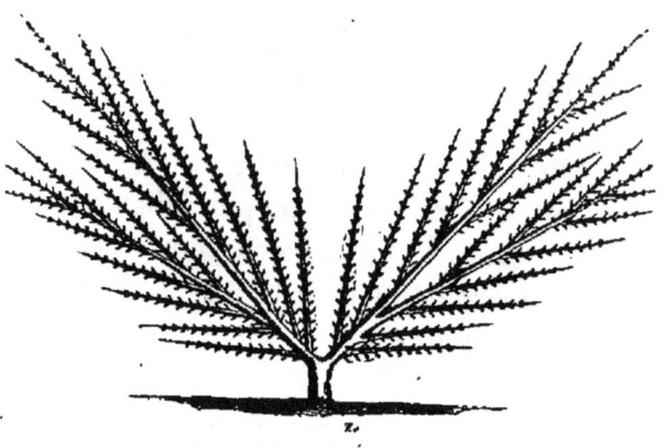

Grav. 23. — Forme en V.

s'allongeront, une direction divergente. La quatrième année et les suivantes, on continuera la taille de manière à imprimer à la séve une direction oblique; on obtiendra des branches de quatrième et de cinquième formation, de telle sorte que, les distances étant observées avec symétrie, les lacunes finiront par être entièrement garnies.

Grav. 24. — Forme en éventail.

La *forme en éventail* (grav. 24) diffère de la taille à la Montreuil en ce qu'au lieu de ne laisser que deux branches mères,

on en conserve quatre ou cinq. Les inférieures s'abaissent graduellement, de telle sorte qu'à la troisième ou quatrième année
elles se trouvent dans une position à peu près horizontale.

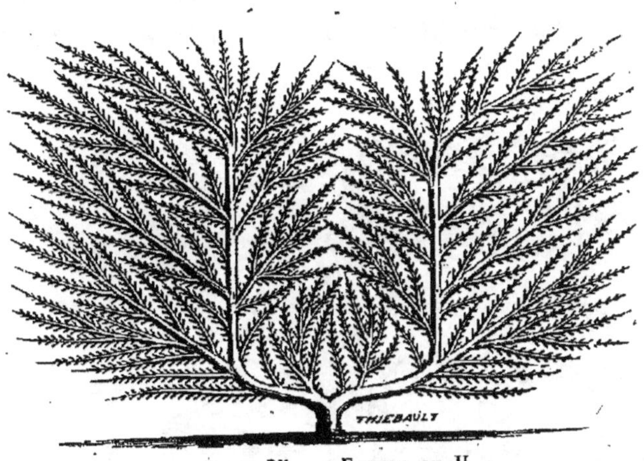

Grav. 25. — Forme en U.

La *forme en U* (grav. 25), ou *palmette à double tige*. Coupez la
jeune greffe sur deux bons yeux opposés. Conservez les deux rameaux fournis par les yeux; taillez-les à deux ou trois yeux, de
manière à pouvoir les prolonger verticalement; prenez un des
yeux inférieurs en dehors pour faire une branche latérale à
laquelle vous donnerez la position horizontale. L'année suivante, taillez de la même manière les deux tiges verticales et
conservez encore deux branches latérales. Opérez de la même
manière chaque année, jusqu'à ce que vous ne puissiez plus
élever les deux branches principales de votre sujet.

La *forme carrée*, pour laquelle on forme deux branches
mères, puis une série de branches inférieures et de branches
supérieures, qui, convenablement dirigées, finissent par couvrir symétriquement tout le mur au pied duquel l'arbre est
planté.

On trouve dans la seconde catégorie :

La *palmette simple* (grav. 26), dans laquelle on ne supprime
pas le canal direct ou tige centrale; on le rabat pour le prolonger

5.

chaque année verticalement, en prenant à droite et à gauche des branches latérales dirigées horizontalement.

La *palmette Luiset*. Même système, si ce n'est qu'après avoir fait marcher horizontalement les branches latérales on les relève successivement pour leur donner la forme d'un candélabre.

Grav. 26. — Palmette simple.

La *forme oblique* (grav. 27), introduite par M. Dubreuil. Cette forme, simple et facile à obtenir, est fort en usage depuis quel-

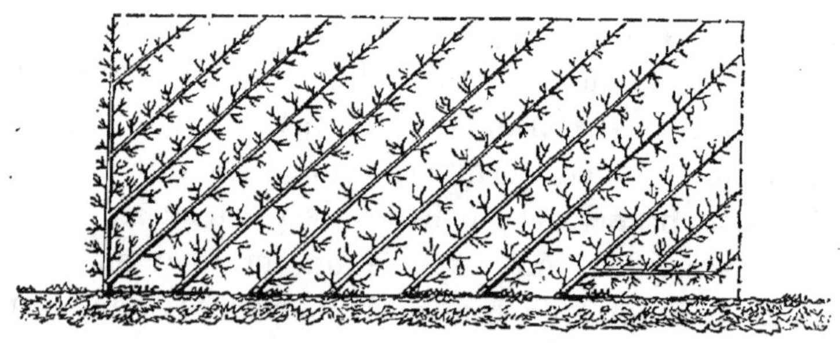

Grav. 27. — Forme oblique.

ques années pour garnir les murs de nos jardins; elle peut s'adapter à tous les arbres que l'on cultive ordinairement en espalier. Planter, à 60 centimètres les unes des autres et le long d'un mur, des jeunes greffes d'un an; rabattre et prolonger successivement leurs tiges principales en leur donnant sur le treillage une position légèrement inclinée ou *oblique;* opérer ensuite de manière à n'avoir sur ces tiges, à droite et à gauche, que des productions fruitières; voilà la forme oblique.

M. Dubreuil ajoute que les espaliers soumis à cette forme donnent leurs produits beaucoup plus vite et durent aussi longtemps que ceux dirigés suivant les anciens systèmes. Cinq ans, ajoute-t-il, suffisent pour compléter un cordon oblique, ce qui fait gagner dix ou douze ans sur le laps de temps nécessaire pour obtenir le même résultat avec toutes les autres dispositions.

Enfin, le *cordon vertical*, qui ressemble en tout point au cordon oblique, si ce n'est qu'au lieu de donner aux arbres une position inclinée ou *oblique* on les dresse *verticalement* sur l'espalier. La plantation et les diverses opérations de la taille se font absolument de la même manière.

FORMES EN PLEIN AIR. — Si des arbres en espaliers nous passons à ceux élevés en plein air, nous voyons que dans presque toutes les formes qu'on leur impose on a soin de conserver le canal direct et vertical de la séve.

Ainsi la *quenouille* et la *pyramide* ne sont autre chose que des tiges droites garnies de la base au sommet de branches latérales symétriquement espacées.

Dans la *pyramide* (grav. 28), on cherche à conserver par la taille une forme pyramidale, c'est-à-dire que les branches les plus basses sont les plus longues et que les branches supérieures diminuent de longueur à mesure qu'elles se rapprochent de la tête.

Dans la *quenouille*, les branches latérales sont plus courtes et taillées de manière à conserver à peu près la même longueur sur toute la hauteur de la tige.

Le *gobelet* (grav. 29) ou *buisson* est une forme en plein air pour laquelle on supprime entièrement la tige principale. Cette forme est très-productive et s'applique surtout aux pommiers et aux poiriers nains. Dès la première année, on coupe la tige

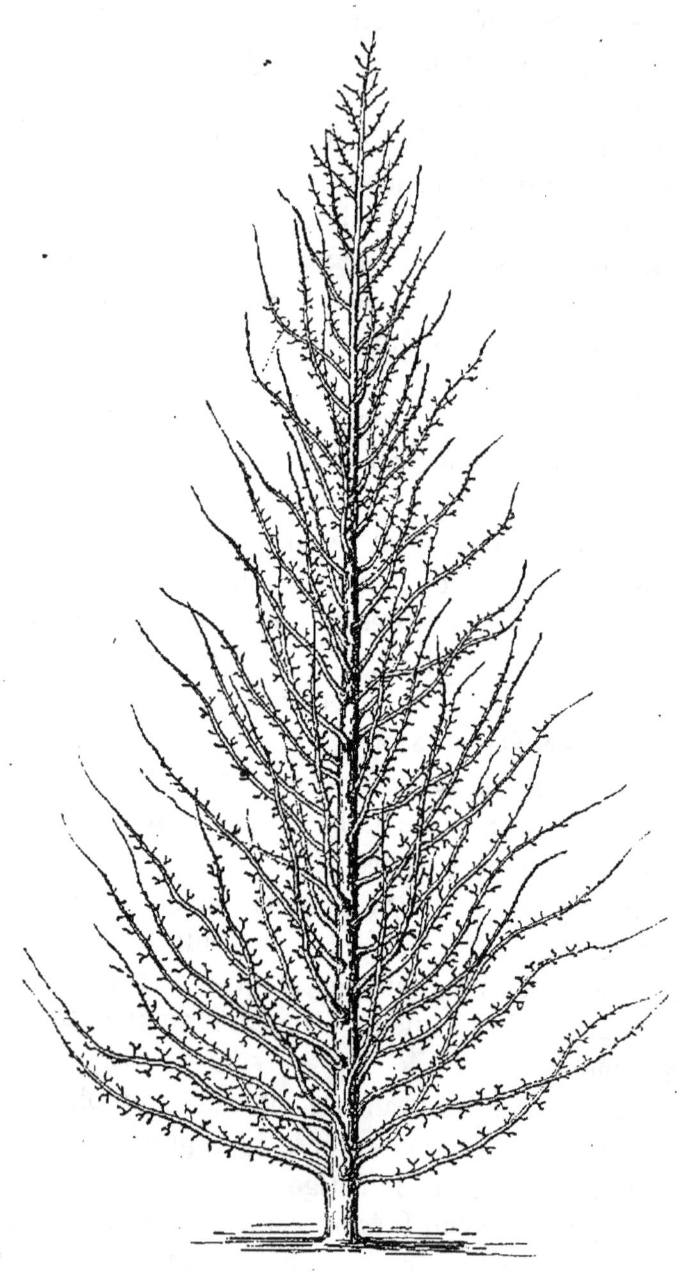

Grav. 28. — Pyramide.

de la greffe au-dessus du quatrième ou cinquième œil; à la taille
suivante, on conserve les 4 ou 5 bourgeons produits par ces
yeux et placés régulièrement autour du jeune tronc; puis on
les taille eux-mêmes sur le deuxième œil. Cette taille produit
une première bifurcation qui donne naissance à un nombre
double de branches nouvelles, et celles-ci, taillées à leur tour,
se divisent de même; il en résulte que l'arbre continue à s'é-
vaser sans cesser d'être garni de branches. Il est inutile de
dire qu'on doit supprimer toutes les branches qui poussent à
l'intérieur et toutes celles qui, des membres de la circonférence, convergent vers le centre.

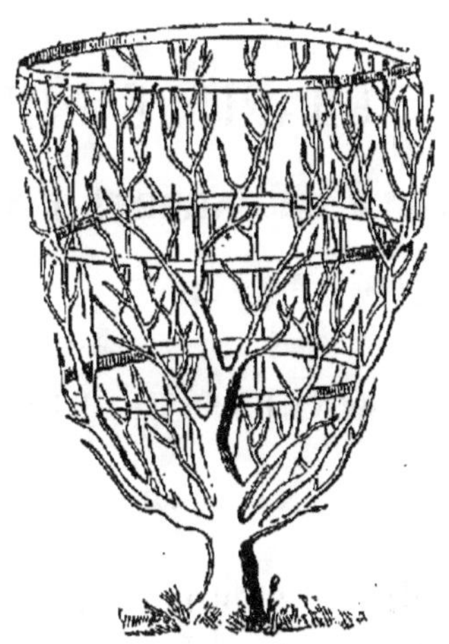

Grav. 29. — Gobelet.

FORMES DE HAUT VENT. — Les arbres de *haut vent* ou *plein
vent* sont ceux qu'on laisse venir sur une seule tige plus ou
moins élevée. Lorsque cette tige est assez haute on la coupe,
et, dès lors, il sort quatre ou cinq branches qui, raccourcies
sur de bons yeux, se bifurquent et forment la tête de l'arbre.
Le plus ordinairement on donne une seconde taille et puis on
laisse pousser, en ayant soin toutefois de supprimer les gourmands qui s'élancent du milieu et qui tendent à reformer la
tige centrale.

On greffe quelquefois sur des tiges toutes faites et déjà

assez élevées pour former l'arbre en *plein vent*. On taille alors
à peu près comme si l'on voulait former un gobelet, c'est-à-dire
qu'on supprime tout d'abord le canal direct, pour faire sortir
un certain nombre de branches latérales que l'on taille ensuite
pour obtenir des bifurcations; dans ce cas, comme dans le
précédent, on doit retrancher tout ce qui pousse au centre,
de manière que les membres obliques ne soient pas affaiblis
par la végétation toujours plus vigoureuse des branches verticales.

CHAPITRE VIII

TAILLE SPÉCIALE DES ARBRES A FRUITS A PEPINS

DIX-NEUVIÈME LEÇON

LE POIRIER.

Poirier. — J'ai dit au commencement de ce livre que les
horticulteurs divisaient les arbres fruitiers en deux classes :
arbres à pepins, arbres à noyaux. Cette distinction n'est pas
seulement fondée sur la nature du fruit; elle a été motivée
aussi par certaines différences dans la manière de végéter et
de produire les branches à fruits. Chaque arbre, en effet, a son
mode particulier de végétation, sa manière qui lui est propre
de former successivement son bois et ses productions fruitières. Ainsi, par exemple, le bourgeon du poirier produit un
rameau exclusivement garni de boutons à bois, tandis que
dans le pêcher le rameau de l'année porte des fleurs et des
fruits. De même la branche à fruit du poirier peut fleurir et
donner des poires pendant cinq ou six ans de suite; le rameau

de pêcher ne fleurit qu'une fois et ne sert plus qu'à produire d'autres rameaux qui fleurissent à leur tour et donnent quelquefois du fruit.

Il est donc impossible de tailler, selon des règles uniformes, des arbres dont la végétation ne suit pas la même marche; c'est pourquoi je me suis décidé à vous donner quelques notions spéciales sur la taille des arbres à pepins et des arbres à noyaux, les plus généralement cultivés dans nos jardins et nos vergers.

Commençons par le *poirier*.

Cet arbre, de la famille des rosacées, est indigène. Il croît spontanément dans les parties tempérées de l'Europe; on le trouve partout, au milieu des buissons, dans les forêts, sur les coteaux pierreux, dans les vallées humides. Son fruit, à l'état sauvage, est petit et de saveur médiocre; mais nous avons su, par les semis et la culture, modifier cette nature acerbe et conquérir les nombreuses variétés dont vous savourez chaque jour les fruits délicieux.

Culture du poirier. — On le cultive en plein air et en espalier. Dans le premier cas, il est tantôt abandonné à lui-même, tantôt tenu en quenouille ou en pyramide, tantôt enfin, à basse tige, en vase ou en entonnoir. Dans le second cas, il est dressé sur un espalier, à l'exposition du levant ou du couchant, rarement à celles du midi et du nord.

Greffe. — La voie des semis serait trop longue et trop incertaine pour reproduire les variétés les plus recherchées; c'est pourquoi nos pépiniéristes ont généralement recours à la greffe.

Le poirier se greffe sur lui-même, c'est-à-dire sur le sauvage ou sur le franc obtenu de semis; il se greffe aussi sur le cognassier et même quelquefois sur l'aubépine.

Le franc donne des arbres plus vigoureux et de plus longue durée que le cognassier; mais ce dernier se met plus rapidement à fruit. En général, on préfère le franc pour les terres sèches et peu fertiles; on plante sur cognassier dans un sol riche et substantiel. Il est en outre quelques variétés peu vigoureuses et trop promptes à se couvrir de productions fruitières que l'on greffe sur franc, pour les forcer à se développer *à bois*. Nous les indiquerons sommairement plus tard.

Les modes de greffe les plus employés sont : la *greffe en écusson à œil dormant*, la *greffe en fente* et la *greffe en couronne*. La greffe en écusson convient pour les jeunes sujets ; la greffe en fente est employée pour des sujets plus âgés sur lesquels l'écusson n'a pas réussi ; la greffe en couronne ne s'emploie guère que sur de vieux arbres que l'on veut rajeunir.

Végétation naturelle du poirier. — Examinons maintenant la végétation naturelle du poirier et le mode de formation de ses productions fruitières.

Le *rameau* de l'année, arrêté, comme toujours, par un œil terminal, est garni sur son pourtour, du haut en bas, d'yeux simples plus ou moins vigoureux, plus ou moins saillants, disposés en ordre alterne et en hélice, les uns au-dessous des autres, de manière que le cinquième se trouve en ligne avec le premier. Ces yeux sont ordinairement accompagnés de deux sous-yeux, placés de chaque côté de l'œil principal. On peut remarquer encore que, parmi les yeux du tiers inférieur de ce rameau, quelques-uns sont plus pointus que les autres et presque perpendiculaires sur le bois qui les porte ; que ceux du bas, au contraire, sont petits et peu saillants.

L'année suivante, le rameau qui vient d'être décrit sera *branche ;* son œil terminal se développera et donnera naissance à un nouveau *rameau*, qui sera le prolongement du rameau de l'année précédente. Mais que deviendront les yeux latéraux ?

Les plus rapprochés du bouton terminal donneront des *rameaux* ordinaires. Les quatre ou cinq au-dessous des premiers donneront de petits rameaux minces ayant de 10 à 20 centimètres de longueur, munis d'yeux très-rapprochés, pointus et perpendiculaires sur le rameau. C'est la *brindille ;*

son œil terminal sera également pointu et plus gros que les autres. Enfin, les yeux inférieurs produiront, soit des *dards*, soit des *rosettes*. Le *dard* est ce petit rameau de 3 ou 4 centimètres de long qui est terminé par un bouton très-pointu. La rosette est un œil qui ne produit que des feuilles et dont la base reste à l'état charnu ou *parenchymateux*.

La troisième année, nouveau prolongement du rameau central et des rameaux produits par les yeux supérieurs. Les *brindilles* changent leurs yeux, y compris l'œil terminal, en *dards* ou en *rosettes*. Quant à l'œil du *dard*, il se transforme en *rosette*; enfin, la *rosette* s'allonge un peu et se transforme en *dard*. Dès le printemps suivant, vous aurez quelques boutons à fleurs sur les *rosettes*, sur les *dards* ou sur l'extrémité des *brindilles* : cela dépendra de la variété de l'arbre et surtout de son état de santé. Mais c'est pendant la quatrième année que les *rosettes*, les *dards* et les boutons terminaux des *brindilles* s'arrondiront, grossiront et s'épanouiront, au printemps suivant, en un bouquet de 7 ou 8 fleurs, dont quelques-unes donneront du fruit. Vous constaterez, en outre, que ces boutons, après avoir fleuri et porté des fruits, se changeront en un renflement plus ou moins gros, auquel on donne le nom de *bourse*, parce que c'est comme un magasin de nouvelles *rosettes*, de nouveaux *dards*, et, par conséquent, de nouvelles productions fruitières. Ces *dards*, ces *rosettes*, quand ils auront produit des boutons à fleurs, deviendront des *bourses* qui, comme les autres, donneront naissance, à leur tour, à un troisième étage de *dards* et de *rosettes* et ainsi de suite, jusqu'à l'épuisement de cette sorte de chapelet, qu'on nomme *branche à fruit* par excellence, et que les vieux jardiniers appellent *lambourde*.

Je dois encore vous faire remarquer :

1° Que le poirier conserve quelquefois des *yeux latents*, qui ne s'épanouissent pas tout de suite et qui percent plus tard sur le vieux bois;

2° Qu'à la base de tout rameau, de tout dard, de toute brindille ou rosette, il existe toujours, à l'état *latent*, deux *sous-yeux* qui accompagnaient l'œil d'où ils sont sortis;

3° Que les boutons du poirier mettent trois ans au moins à se disposer à fruit, qu'ils ne sont jamais situés sur les côtés de la branche à fruit, mais qu'ils en forment toujours l'extrémité, sans être accompagnés d'un œil de prolongement;

4° Que, quand ce bouton est formé au sommet du dard ou de la brindille, on dit qu'ils sont *couronnés*.

VINGTIÈME LEÇON

CONDUITE DU POIRIER SOUMIS A LA TAILLE.

Taille du poirier. — Retenez bien les observations qui précèdent, reportez-vous à ce que j'ai dit sur les principes généraux de la taille, sur la formation de la charpente des arbres, et vous comprendrez sans peine que la conduite du poirier est simple et facile.

OPÉRATIONS D'ÉTÉ (ARBRES EN PLEIN AIR). — Supposons d'abord un arbre en *pyramide;* cet arbre a été commencé, comme tous les poiriers possibles, par une pousse née de la greffe et taillée sur un bon œil; les yeux à bois distribués le long de cette pousse sont, comme vous le savez, disposés en hélice; c'est donc aussi en hélice que se sont établies les branches latérales produites par ces yeux, de telle sorte qu'elles se correspondent toujours de cinq en cinq. Pour protéger leur accroissement, on a successivement taillé chaque année la tige centrale ou *flèche* au-dessus de son quatrième ou cinquième œil, jusqu'à ce qu'elle ait acquis la hauteur qu'on désirait obtenir; les branches latérales ont également été raccourcies tous les ans, sur un œil vigoureux placé en dehors, de manière à les prolonger régulièrement.

Nous sommes au mois de mai. Prenons une de ces branches

latérales, dites *branches charpentières*, elles sont toutes à peu près semblables; que voyons-nous? Le *bourgeon terminal*, précieuse espérance pour l'avenir; puis, immédiatement au-dessous, les *bourgeons latéraux;* puis, encore au-dessous, quelques *bourgeons* plus faibles, produits par les sous-yeux d'un rameau rabattu à la taille précédente; puis, enfin, des *brindilles*, des *dards*, des *rosettes*.

Nous voyons aussi, sur les bourgeons supérieurs, des *faux bourgeons* produits d'une séve abondante et vigoureuse; enfin, quelques bourgeons plus gros, plus nourris que les autres et fortement cramponnés sur la branche; ce sont des *gourmands*. Qu'allons-nous faire de tout cela?

Il faut ébourgeonner à œil poussant, c'est-à-dire pincer au-dessus de la première feuille les plus faibles des bourgeons sortis sur la couronne des rameaux rabattus à la taille d'hiver.

Il faut ébourgeonner de même les bourgeons trop vigoureux poussant sur le devant de la branche.

Il faut pincer, au-dessus de la neuvième ou dixième feuille, les bourgeons supérieurs pour favoriser le bourgeon de prolongement.

Si vous avez un gourmand, pincez sur la troisième feuille, pour obtenir à sa place deux ou trois faux bourgeons qui diviseront la séve.

Quant au bourgeon de prolongement, il demande à être surveillé jusqu'au mois de juillet. Si, à cette époque, on le voyait s'allonger outre mesure, on pourrait le pincer vers son extrémité supérieure, pour que les yeux de la base ne soient pas altérés par cette végétation trop rapide.

Au mois d'août et quelques jours après l'apparition de la seconde séve, dite *de la Madelaine*, vous casserez au-dessus de la troisième ou quatrième feuille les bourgeons déjà pincés; c'est un moyen presque certain de faire passer les yeux restants à l'état de dard ou de rosette.

Enfin, vous ne toucherez jamais aux brindilles, aux dards, aux rosettes; le simple bon sens vous dit qu'il n'y a plus rien à faire, puisque c'est là précisément ce que vous vouliez obtenir.

Vers la fin d'octobre, le bois s'est *aouté*, c'est-à-dire qu'il s'est durci, que les yeux sont devenus apparents, qu'en un mot les bourgeons ont cessé de pousser en longueur et sont tous passés à l'état de *rameaux ;* la feuille tombe ; vous pourriez, dès le mois suivant, commencer la taille d'hiver ; mais nous avons dit qu'il serait plus convenable d'attendre et de n'opérer qu'après les fortes gelées.

Opérations d'hiver (arbres en plein air). — Quand la taille d'été a pu être exécutée avec soin et discernement, les opérations d'hiver sont très-simples et très-faciles d'exécution.

Vous commencerez par le *rameau de prolongement*, que vous raccourcirez sur un bon œil ; vous descendrez ensuite et vous trouverez les *rameaux ordinaires*, qui avaient été pincés et cassés, vous les taillerez sur les deux *sous-yeux* de leur base, à l'épaisseur d'un écu, comme le dit la Quintinie. Cette opération aura pour résultat de remplacer ces rameaux, dès le printemps, par des brindilles, qui se transformeront facilement en productions fruitières. Au-dessous, vous verrez les *brindilles* de l'année précédente : si elles sont déjà *couronnées* n'y touchez pas ; dans le cas contraire, cassez-les sur leur troisième ou quatrième œil, afin d'éventer la séve et de changer plus promptement leurs yeux en dards et en rosettes. Descendez toujours, vous verrez les *rosettes* et les *dards* déjà formés, vous les respecterez ; je vous ai déjà dit pourquoi. Si vous descendez encore, vous trouverez les *bourses* et les *lambourdes*.

Les *bourses* recevront un petit coup de serpette seulement, pour rafraîchir la blessure faite par la cueillette ou la chute du fruit. Cette blessure, rendue plus nette, se cicatrisera mieux.

Quant aux *branches fruitières* ou *lambourdes*, il est important de veiller à ce qu'elles ne s'épuisent pas ; vous rabattrez par la taille quelques-unes des parties supérieures, pour provoquer le développement de quelques brindilles, destinées à attirer la séve et à ranimer la végétation. Enfin, quand vous aurez ainsi repassé toutés les parties utiles de votre branche, vous supprimerez tout le bois inutile et mal placé, vous nettoierez, vous enlèverez la mousse, les nids d'insectes, etc.; voilà tout.

Taille du poirier en espalier. — Passons maintenant aux arbres en espalier. La *palmette simple* et la *palmette double* sont les formes les plus usitées. La première s'établit au moyen d'une tige centrale que l'on taille sur deux yeux, l'un à droite, l'autre à gauche. Les bourgeons nés de ces yeux sont abaissés et palissés, dans une position presque horizontale; ils commencent le premier étage de la charpente. L'année suivante, la *flèche* donne par la même taille un second étage, et ainsi de suite. La seconde (*palmette double*) diffère de la première en ce qu'on laisse croître verticalement les deux bourgeons provenant de la première taille, et que, sur ces deux bourgeons qui forment les deux membres principaux, on établit les branches charpentières horizontales, comme sur la palmette simple.

La charpente d'un poirier en espalier une fois bien établie, les opérations de la taille, pour créer et entretenir sur les branches charpentières une suite non interrompue de branches à fruit, sont absolument les mêmes que celles ci-dessus décrites, sauf quelques légères différences, que je dois vous signaler en peu de mots.

Ainsi, par exemple, sur un arbre en plein air, *pyramide*, *quenouille* ou *gobelet*, les productions fruitières doivent être distribuées, le plus également possible, sur toute la circonférence de la branche charpentière. Pour un arbre en espalier, ces mêmes productions, vous le concevrez facilement, ne peuvent être placées que sur la face antérieure, puisque l'autre partie se trouve appliquée sur l'espalier et tournée du côté du mur. Vous supprimerez donc avec soin toutes les pousses qui se montreront à l'intérieur. Vous détruirez aussi les bourgeons, *gourmands* ou autres, qui pousseront sur le derrière et sur le devant des tiges centrales, ces dernières ne devant supporter que les branches latérales, disposées horizontalement et fixées à droite et à gauche sur l'espalier.

PALISSAGE ORDINAIRE ET PALISSAGE CONTRARIÉ. — Parmi les opérations d'été, vous aurez, en sus de celles que j'ai indiquées pour les arbres en plein air, le *palissage ordinaire* et le *palissage contrarié*.

Le *palissage ordinaire* consiste à attacher sur l'espalier, selon sa direction naturelle, un *bourgeon* qui a été pincé à son extrémité supérieure.

Le *palissage contrarié* s'opère sur des arbres vigoureux pour hâter la mise à fruit. Il se pratique en courbant le *bourgeon*, pour l'attacher sur l'espalier dans un sens contraire à sa direction naturelle.

Tout *bourgeon* qui n'est pas détruit doit être palissé; le bourgeon de prolongement, surtout, demande une surveillance particulière. Il faudra le palisser sans retard au fur et à mesure de sa croissance, en lui donnant, autant que possible, une direction parfaitement en droite ligne avec la branche dont il doit former la suite.

FORME OBLIQUE. — Un mot sur la forme oblique. M. Dubreuil l'inventa et la proposa d'abord pour le pêcher; mais ce guide éminent de l'école moderne nous conseille aujourd'hui de l'appliquer au poirier (grav. 30). On lui a fait quelques objections qu'il a victorieusement détruites en faisant ressortir à son tour de précieux avantages. Les principaux sont : grande économie de temps et de terrain; simplification de la charpente de l'arbre, et, par conséquent, simplification des opérations de la taille.

Quoi de plus simple, en effet, que de planter au pied d'un mur garni d'espaliers et à 40 centimètres les uns des autres, des poiriers greffés de l'année précédente; de retrancher à la première taille le tiers environ de la tige, sur un bon œil placé en avant; d'élever successivement cette tige unique, en l'inclinant légèrement, par le palissage, sur un angle de 60°;

d'appliquer à chacun des rameaux latéraux les soins et les

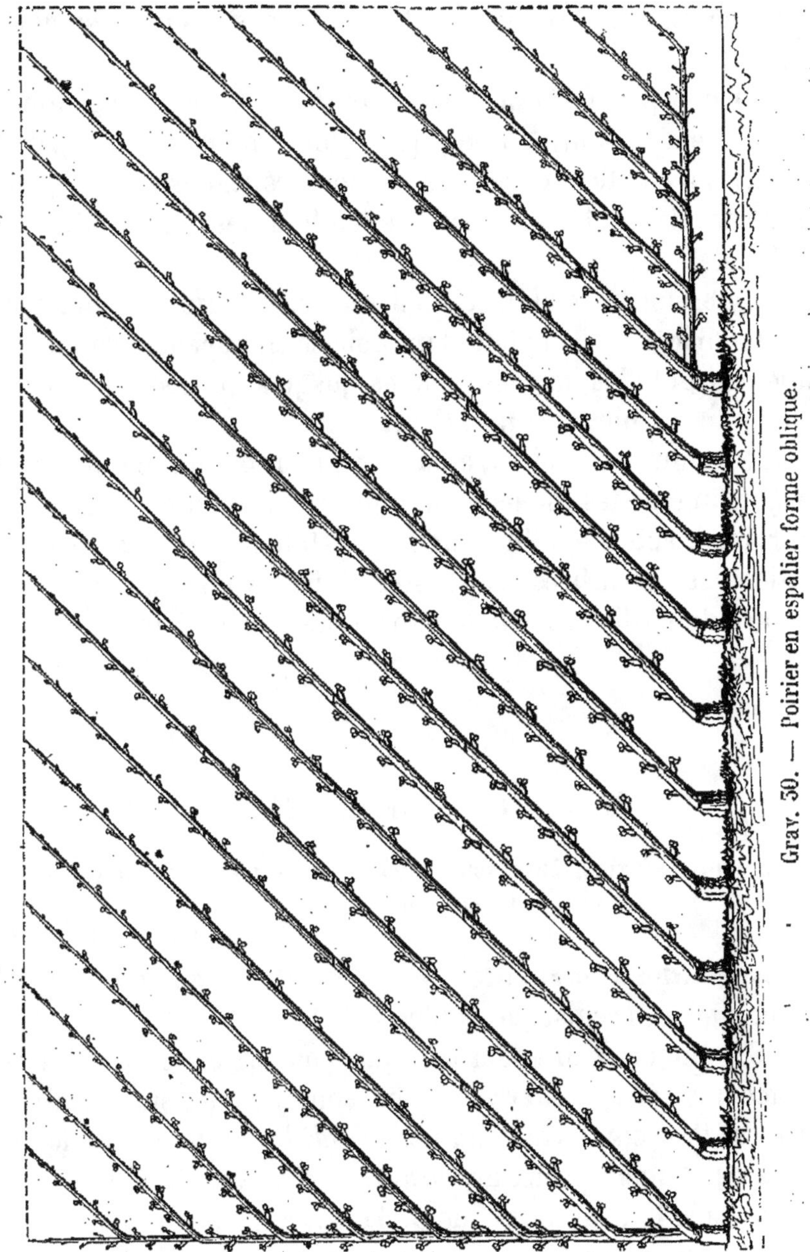

Grav. 50. — Poirier en espalier forme oblique.

opérations nécessaires pour les transformer en productions

fruitières; d'augmenter, lors de la troisième taille, l'inclinaison de chaque tige, pour l'amener à un angle de 75°, et de continuer ainsi le prolongement de ces tiges jusqu'au sommet du mur?

Eh bien, par ce procédé si simple, si facile d'exécution, vous obtiendrez, au bout de quatre ou cinq ans, un espalier couvert sur toutes ses parties de poiriers vigoureux, lesquels seront garnis, du haut en bas, de lambourdes, de rosettes, de dards, etc.

M. Dubreuil nous affirme qu'il faut bien seize ans pour former la charpente complète d'un poirier en espalier, soumis à l'une des grandes formes usitées jusqu'à présent (palmette simple ou double, éventail, etc.).

« Les soins nécessaires, ajoute-t-il, pour obtenir ces diverses formes, même les moins compliquées, ainsi que les moyens pour maintenir l'équilibre de la végétation entre les diverses parties des ces arbres, sont assez difficiles pour qu'un grand nombre de jardiniers échouent dans leur exécution. »

<hr>

VINGT ET UNIÈME LEÇON

OBSERVATIONS PARTICULIÈRES SUR LE POIRIER. — LISTE DES MEILLEURES VARIÉTÉS DE POIRES.

Observations particulières. — Avant de finir je dois placer ici quelques remarques utiles.

1° S'il faut ordinairement trois ans pour qu'un œil de poirier se façonne à fruit, il arrive assez souvent que, sur certaines variétés, les yeux terminaux des *brindilles*, ceux de quelques *rameaux* et même ceux des *branches charpentières*, tournent à fruit dans le courant même de la saison pendant laquelle ils sont nés; de telle sorte qu'au printemps suivant les *branches*, les *rameaux*, les *brindilles*, tout est *couronné*. Vous verrez cela sur la *Duchesse d'Angoulême*, sur le *Doyenné d'été*, sur le *Gracioli*, le *Passe-Colmar*, etc. Que faut-il faire? Il faut conserver seulement les boutons à fruit des brindilles et se hâter de raccourcir sur un œil à bois les rameaux et les branches. Si vous agissiez autrement, vous sacrifieriez au présent tout l'avenir de l'arbre, non-seulement pour la forme, mais encore pour la durée et la fertilité.

2° Peut-on, en taillant sur une bourse ou sur une rosette, obtenir quelque bouton? Oui, sans doute. La bourse taillée produit presque toujours un ou deux boutons. Il en est de même de la rosette, parce que les rides qu'on aperçoit sur son pied recouvrent des *yeux latents*, qui ont commencé à se former dans l'aisselle des feuilles, dont ces rides ne sont que les cicatrices.

Le dard, dont les yeux sont toujours éteints, n'offre pas les mêmes ressources, et, pour le remplacer par un autre rameau, il faut le tailler sur sa base même, à l'épaisseur de 1 millimètre environ. Il suit de là que si, sur un arbre peu vigoureux, déformé ou trop chargé de productions fruitières, vous voulez provoquer l'émission de quelques yeux à bois, vous y parviendrez peut-être en taillant sur quelques-unes des *bourses* ou des *rosettes*.

3° Il est plus facile de restreindre et d'arrêter une végétation trop active que de faire pousser un sujet peu vigoureux. L'horticulteur, en effet, a plus de moyens à sa disposition dans le premier cas que dans le second ; ainsi, pour les arbres en plein air, il a le cassement réitéré, le pincement, la torsion des rameaux, l'effeuillage, etc.; de plus, il a, pour les espaliers, le palissage contrarié, la courbure des branches, la gêne opérée par les ligatures, etc. Dans le second cas, il n'aura que la taille très-raccourcie sur les prolongements, la section des bourses et rosettes ; enfin, sur les espaliers, le relâchement des liens ou leur suppression totale, qui permettra à la sève de prendre, pendant quelque temps, une circulation plus active.

4° Lorsque les moyens ordinaires sont insuffisants pour diminuer la force d'un arbre, quelques jardiniers nous conseillent de cerner, et, au besoin, de couper les racines, puis de remplacer la bonne terre qui couvrait ces racines par des pierrailles ou de la terre usée. C'est une rude extrémité, l'expérience a néanmoins sanctionné déjà ce nouveau mode d'opérer.

5° Il est des variétés du poirier qui poussent et donnent du fruit en *plein vent*, sans le secours de la taille; il en est d'autres qui viennent bien en *pyramide*, et qui sont moins productives si on les attache sur un *espalier;* d'autres exigent l'abri d'un mur et se trouvent mieux au couchant qu'au midi.

Enfin, quelques espèces ne peuvent être greffées que sur franc, tandis que les autres ne se mettent à fruit que sur cognassier.

L'expérience seule a dû fixer les règles à suivre sur ces divers points, je ne puis donc mieux faire que de vous donner ici le résumé d'un tableau que j'emprunte à l'excellent ouvrage de M. Dubreuil.

Liste des meilleures variétés de poires avec les indications nécessaires pour faciliter leur culture. — *Doyenné de Juillet.* — Maturité, juin et juillet, — plein vent ou pyramide, — sur cognassier.

Beurré Giffart.—Maturité, fin juillet, —pyramide, espalier, — sur cognassier.

Épargne.—Maturité, juillet et août,—plein vent, pyramide, espalier, — sur franc.

Beurré Beaumont. — Maturité, août,— plein vent, se forme difficilement en pyramide, — sur cognassier.

Beurré d'Amanlis. — Maturité, août et septembre, — plein vent, espalier, — sur cognassier.

William. — Maturité, août, septembre, — pyramide ou espalier, — sur franc.

Jalousie de Fontenay (Vendée). — Maturité, septembre, — pyramide, — sur franc.

Beurré d'Angleterre. — Maturité, septembre et octobre, — plein vent, pyramide, — sur cognassier.

Louise Bonne d'Avranche. — Maturité, septembre et octobre, — espalier à l'est, — sur franc.

Beurré Gris. — Maturité, octobre, — pyramide ou espalier à l'est, à l'ouest, — sur franc.

Beurré Davy, ou *Fondante des Bois.* — Maturité, octobre, — pyramide ou espalier, est ou ouest, — sur cognassier.

Beurré Capiaumont. — Maturité, octobre et novembre, — pyramide, espalier, est, ouest et nord, — sur franc.

Duchesse d'Angoulême. — Maturité, octobre, novembre, — pyramide, — sur cognassier.

Colmar d'Aremberg. — Maturité, octobre, novembre, — espalier, — sur cognassier.

Triomphe de Jodoigne. — Maturité, octobre, novembre, — pyramide, espalier, — sur cognassier.

Van Mons Léon Leclerc. — Maturité, novembre, — pyramide, espalier, est ou ouest, — sur franc.

Délices d'Hardempont. — Maturité, novembre, décembre, — pyramide, espalier, nord, — sur cognassier.

Beurré Diel ou *Magnifique.* — Maturité, novembre, décembre, — espalier, — sur cognassier.

Beurré Clairgeau. — Maturité, novembre, décembre, — pyramide, est et ouest, — sur franc.

Passe-Colmar. — Maturité, de novembre à février, — espalier, nord, — sur franc.

Beurré d'Aremberg. — Maturité, de novembre à janvier, — pyramide, espalier, est et nord, — sur cognassier.

Beurré Gris d'Hiver Nouveau ou *de Luçon.* — Maturité, de décembre à février, — pyramide, espalier, — sur cognassier.

Doyenné d'Hiver, ou *Bergamotte de Pentecôte.* — Maturité, de janvier à mai, — plein vent, pyramide, — sur franc.

Beurré de Rans. — Maturité, de février à mars, — espalier, est et sud, — sur cognassier.

Bergamotte Esperen. — Maturité, de février à mars, — pyramide, espalier, — sur cognassier.

Doyenné d'Alençon. — Maturité, de février à mars, — pyramide, espalier, — sur cognassier.

Colmar Van Mons. — Maturité, de mars en avril, — pyramide, espalier, est et sud, — sur cognassier.

Bergamotte de Parthenay. — Maturité, de février en mai, — plein vent, pyramide, — sur franc.

Fortunée. — Maturité, de novembre à mai, — pyramide, espalier, sud, — sur cognassier.

Doyenné Goubault. — Maturité, octobre, décembre, janvier, — pyramide, — sur cognassier.

De Tongres. — Maturité, de septembre à novembre, — pyramide, espalier, — sur franc.

Vauquelin. — Maturité, février et mars, — pyramide, espalier, — sur cognassier.

Saint Michel Archange. — Maturité, octobre, novembre, — pyramide, — sur franc.

Soldat Laboureur. — Maturité, octobre, novembre, — pyramide, espalier, — sur cognassier.

Suzette de Bavay. — Maturité, mars, janvier, espalier, — pyramide, — sur cognassier.

Pater Noster. — Maturité, novembre, — pyramide, — sur cognassier.

Joséphine de Malines. — Maturité, décembre, janvier, — — pyramide, — sur franc.

Napoléon. — Maturité, octobre, novembre, pyramide, — espalier, — sur franc.

Doyenné Gris. — Maturité, novembre, décembre, — pyramide, espalier, — sur cognassier.

POIRES A COMPOTES. — *Messire Jean.* — Maturité, novembre, — plein vent, pyramide, — sur cognassier.

Catillac, ou *Poire à la Livre.* — Maturité, janvier, — plein vent, espalier, — sur franc.

Martin Sec. — Maturité, janvier, — pyramide, espalier, — sur cognassier.

Bon Chrétien. — Maturité, janvier, mai, — espalier, est, sud, — sur cognassier.

Belle Angevine. — Maturité, février, mars, — pyramide, espalier, est, ouest, — sur cognassier.

Gile-ô-Gile. — Maturité, novembre, décembre, — pyramide, — sur cognassier.

Léon Leclerc de Laval. — Maturité, mars, mai, — pyramide, — sur cognassier.

Rateau Gris. — Maturité, janvier, — pyramide, — sur franc.

CHAPITRE IX

LE POMMIER. — LE COGNASSIER

VINGT-DEUXIÈME LEÇON

TAILLE ET GREFFE DU POMMIER ET DU COGNASSIER.

Pommier. — Le pommier, *malus communis*, famille des *rosacées*, est encore un arbre indigène. Il croît partout; néanmoins il préfère un sol argilo-calcaire ou argilo-siliceux, un peu frais; il s'accommode aussi très-bien d'une terre franche, sèche et substantielle. Sa végétation naturelle est absolument la même que celle du poirier, tant pour la production du bois que pour la formation des branches à fruit. Il suit de là que tout ce qui vient d'être dit sur la taille du poirier s'applique à la taille du pommier. C'est absolument la même chose : ébourgeonnement, pincement, cassement, torsion des bourgeons pendant l'été; raccourcissement des rameaux de prolongement, rabattage des rameaux pincés ou cassés, rafraîchissement des bourses, cassement des brindilles à la taille d'hiver. Ces deux arbres, si voisins l'un de l'autre, peuvent-ils se réunir par la greffe d'une manière durable? L'expérience dit non, et ce fait s'explique facilement si on se reporte à l'époque de leur entrée en végétation. En effet, le pommier pousse et fleurit trois semaines au moins plus tard que le poirier; de plus, il végète avec beaucoup plus de vigueur à la pousse d'août, et conserve ses feuilles beaucoup plus longtemps. Ces différences importantes suffisent bien pour rendre le mariage impossible.

GREFFE. — Quels sujets faut-il donc choisir pour greffer les variétés obtenues et cultivées dans nos jardins?

Les pommiers à haute tige et de *plein vent* se greffent quelquefois sur le *sauvage* ou *sauvageon*, qu'on arrache dans les bois ou dans les buissons, pour le transplanter en place; mais, le plus souvent, ils sont greffés sur *franc* obtenu de semis et cultivé dans les pépinières.

Pour les pommiers en *gobelet*, demi-tige ou basse tige, on emploie soit le *doucin*, soit le *paradis*, deux variétés qui se reproduisent par les rejetons et le marcottage. Le *paradis* surtout est fort employé pour greffer les pommiers destinés à former de petits buissons, ou des cordons horizontaux.

FORME EN CORDON HORIZONTAL. — On peut, à la rigueur, imposer au pommier les mêmes formes qu'au poirier : j'en ai vu en quenouille, en pyramide; j'en ai vu même en palmette simple sur un espalier; mais généralement on le cultive en *vase* à haute ou basse tige, en *buisson nain*, ou bien en *cordon horizontal*.

Arrêtons-nous un instant sur cette dernière forme (grav. 51), dont nous devons encore l'introduction au savant professeur Dubreuil.

Pour obtenir un beau cordon de pommiers, vous choisirez

des sujets d'un an de greffe, sur *paradis* si le sol est fertile,
sur *doucin* si la terre où vous devez planter est sèche et brû-
lante. Vous les planterez en ligne à 1 mètre 50 les uns des
autres pour les *paradis*, à 2 mètres pour les *doucins*. Vous
supprimerez, en plantant, le tiers supérieur des jeunes tiges,
et vous les laisserez pousser tout l'été. L'année suivante, avant
la taille, vous placerez, à 40 ou 50 centimètres au-dessus du
sol et sur la ligne de plantation, un fil de fer soutenu par de

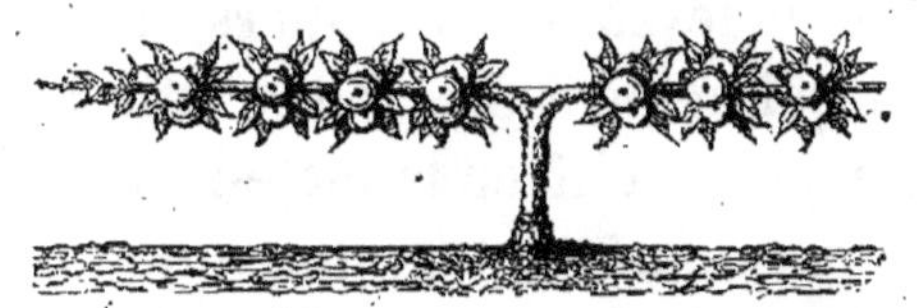

Grav. 31. — Pommier en cordon horizontal.

petits poteaux et fortement tendu à l'aide d'un petit instrument appelé *raidisseur*, que vous trouverez chez tous les
marchands de quincaillerie. Le fil de fer une fois tendu, vous
abaisserez chaque tige de pommier en la courbant doucement,
et vous la fixerez, avec des liens, sur le fil de fer. Pendant
l'été suivant, vous supprimerez tous les bourgeons qui sortiront sur la partie verticale de la tige, en dessous du fil de fer.
Vous appliquerez à tous les autres bourgeons les soins décrits
à l'article du poirier. Vous palisserez le bourgeon de prolongement sur le fil de fer, en ayant soin d'en laisser l'extrémité
libre sur une longueur de 10 à 12 centimètres environ. A la
taille suivante, vous opérerez sur les rameaux à fruit comme
sur ceux du poirier, et, remarquez-le bien, vous laisserez le
rameau de prolongement entier; sa position horizontale suffira
pour faire développer tous les yeux.

Vous taillerez ainsi jusqu'au moment où l'extrémité de chaque tige rencontrera le coude formé par celle qui la suit, et,
quand elle l'aura dépassé de 25 à 30 centimètres, vous grefferez, en mars et par approche, cette extrémité de tige sur le
point de départ de l'arbre suivant. Quand la greffe sera prise,

vous couperez l'extrémité du rameau devenue inutile, et vous aurez un cordon continu.

Cette méthode a pour but de faire passer successivement la séve surabondante d'un arbre dans l'arbre suivant, et de régulariser ainsi la végétation sur toute la ligne.

Les cordons de pommiers sont faciles à former. Ils se mettent à fruit dès la seconde année et n'occupent que très-peu d'espace en hauteur comme en largeur. On les place ordinairement sur les plates-bandes, soit de chaque côté des allées transversales, soit au-devant des espaliers; là surtout ils occuperont une place qui ne peut être mieux utilisée, et ne seront point un obstacle pour cultiver la plate-bande ou pour tailler et soigner les arbres plantés le long du mur.

Plein vent. — Dirons-nous un mot des arbres en plein vent : toutes les variétés de pommiers, à très-peu d'exceptions près, viennent bien en plein vent. Pour les former, on greffe ras terre en écusson et sur franc; on laisse monter la tige à 2 mètres ou 2 mètres 50 centimètres, puis on pince l'extrémité pour faire développer la tête; l'année suivante on raccourcit, sur des yeux en dehors, les rameaux qui se sont produits à la suite de ce pincement; on a le soin pendant quelques années de supprimer tous les rameaux qui poussent à l'intérieur, gourmands ou autres, puis on abandonne l'arbre à lui-même.

Quand on a mis en place des sauvageons, on les greffe en fente à hauteur de tige; on conserve les trois ou quatre bourgeons les mieux placés, on les raccourcit l'année suivante comme il vient d'être dit, et l'arbre est formé.

Liste des meilleures variétés de pommes. — *Calville Rouge d'Été.* — Maturité, août.

Monstrueuse Pippin. — Maturité, septembre, octobre.

Louis Dix-Huit. — Maturité, octobre.

Reinette Blanche. — Maturité, octobre.

Reinette d'Espagne. — Maturité, octobre et novembre.

Calville Rouge d'Automne. — Maturité, octobre et novembre.

Calville de Saint-Sauveur. — Maturité, novembre.

Belle Joséphine. — Maturité, novembre.

Reinette d'Angleterre. — Maturité, novembre, décembre, janvier.

Reinette Dorée. — Maturité, de novembre à mars.

Pigeon d'Hiver, ou *Gros Pigeon.* — Maturité, décembre à février.

Reine des Reinettes. — Maturité, décembre à février.

Reinette Grise du Canada. — Maturité, décembre à février.

Reinette Blanche du Canada. — Maturité, janvier à mars.

Royale d'Angleterre. — Maturité, janvier à mars.

Calville Blanc d'Hiver, ou *Bonnet Carré.* — Maturité, de janvier en avril.

Gros Apis. — Maturité, janvier à mars.

Petit Apis. — Maturité, janvier à mars.

Reinette de Hollande. — Maturité, janvier à mars.

Reinette Blanche Dure. — Maturité, février à mai.

Reinette Franche à côtes. — Maturité, février à mai.

Reinette Grise, ou *Reinette de Rouen.* — Maturité, de février à mai.

Reinette de Nantes. — Maturité, de février à mai.

Cognassier. — Le cognassier, nous l'avons déjà dit, se cultive en grand dans les pépinières, pour servir de sujet aux diverses greffes de poiriers. On greffe aussi sur cet arbre un assez grand nombre d'arbustes d'ornement de la famille des *rosacées*, comme les *cratœgus*, les *sorbiers*, les *néfliers*, les *poiriers du Japon*, les *Sidonia*, etc.; il prend fort bien de bouture, ce qui rend sa multiplication rapide et facile. Enfin, on le cultive aussi pour son fruit, qui sert à faire d'excellentes confitures. Une taille annuelle et régulière est tout à fait inutile; il pousse, fleurit et donne de bons fruits en plein vent, soit qu'on l'élève sur une seule tige, soit qu'on lui permette de pousser ses nombreux rejetons, à l'aide desquels il forme promptement une belle touffe de verdure, ornée dès le mois d'avril d'une multitude de fort jolies fleurs.

Cet arbre paraît tout d'abord avoir une complète analogie avec le poirier. Même fleur, même fruit, même époque d'entrée en végétation. Néanmoins, lorsqu'on examine la formation de leurs boutons à fleur et de leurs productions fruitières, on s'aperçoit qu'ils sont bien loin l'un de l'autre.

Les cognassiers, en effet, au lieu de mettre plus ou moins de temps, comme les poiriers, à former des boutons à fleur et des branches à fruit, portent leurs fleurs à l'extrémité même du jeune bourgeon de l'année; de telle sorte que les yeux situés sur bois d'un an, y compris l'œil terminal, s'ouvrent, donnent naissance à un bourgeon qui s'allonge pendant quelque temps et s'arrête tout court, pour se terminer par une belle fleur, à laquelle succède presque toujours un fruit plus ou moins gros. Les petites brindilles que l'on voit sur le bois de deux et trois ans peuvent également produire, à leur extrémité, des bourgeons florifères. En un mot, partout où l'air et la lumière ont pénétré, l'œil qui s'épanouit peut produire une fleur. Il suit de tout ceci que le cognassier est un arbre éminemment fructifère, rustique et d'une culture si facile, qu'une fois planté on n'a, pour ainsi dire, d'autre peine que celle de cueillir ses fruits dorés.

CHAPITRE X

TAILLE SPÉCIALE DES ARBRES A FRUITS A NOYAU

VINGT-TROISIÈME LEÇON

LE PÊCHER. — CULTURE ET VÉGÉTATION. — NOTIONS PRÉLIMINAIRES SUR SA TAILLE.

Culture et végétation du pêcher. — Cet arbrisseau, de la famille des *rosacées amigdalées*, est originaire de Perse :

c'est pour cela, sans doute, qu'on lui a donné le nom de *Persica vulgaris*. Il est parfaitement acclimaté en Europe, surtout en France, où il pousse vigoureusement en plein air et donne quelquefois des fruits passables, sans être greffé. Néanmoins, le plus ordinairement, on greffe en écusson sur le pêcher de semis, sur l'amandier ou sur le prunier, les variétés les plus recommandables, puis on cultive ces arbres en espalier le long des murs exposés au sud, à l'est ou même à l'ouest; l'exposition la plus favorable est celle du sud-est.

Le choix du sol a beaucoup d'influence sur la végétation du pêcher; il faut lui donner une terre profonde, perméable, contenant quelques matières calcaires et surtout exempte d'humidité stagnante. Il vient également bien dans certains terrains granitiques élevés et riches en humus.

Le choix du sujet est aussi fort important. Si vous avez une terre profonde et sèche, plantez des arbres greffés sur amandier; si le sol est humide, choisissez les sujets greffés sur le prunier.

Enfin, dans les terrains calcaires mais assez profonds, mettez le pêcher greffé sur franc obtenu de semis.

Sa végétation naturelle diffère notablement de celle des arbres à fruits à pepins. Si vous considérez, en effet, un pêcher abandonné à lui-même, poussant comme il plaît à Dieu, vous verrez qu'il produit une tige surmontée d'une tête plus ou moins régulière; que cette tête est elle-même composée de branches qui se succèdent d'année en année; que les plus jeunes donnent des fleurs et des fruits, mais qu'après avoir fleuri une fois, c'est fini; elles ne peuvent plus produire que des jeunes rameaux qui, à leur tour, se chargeront de boutons à fleurs, produiront du fruit et deviendront branches à bois comme les précédentes. Il suit de là que, la sève se portant avec force vers les extrémités supérieures, l'arbre s'allonge, fleurit toujours au bout des branches et se dégarnit du bas.

Vous avez vu que sur les poiriers, au contraire, le bourgeon terminal produit un jeune rameau exclusivement garni de boutons à bois, tandis que les boutons à fleurs naissent sur les branches inférieures et forment des productions fruitières qui donnent pendant cinq ou six ans de suite.

Ces quelques mots montrent déjà quel doit être le but de la taille du pêcher. On comprend, en effet, qu'un espalier garni d'arbres dont les branches seraient toutes nues dès le bas et porteraient seulement quelques fruits avec un peu de verdure au sommet, ne pourrait être d'un grand profit pour le jardinier et le récompenserait fort mal de ses peines. Ses efforts doivent donc tendre non-seulement à former une charpente régulière, à surveiller l'équilibre de végétation, mais surtout à faire naître sur les branches charpentières un certain nombre de rameaux à fruit également distribués, et à se ménager les moyens de remplacer ces jeunes rameaux, lorsqu'ils auront fleuri, par de nouvelles productions fruitières.

Comment atteindra-t-il son but? Je vais tâcher de vous l'expliquer le plus clairement, le plus simplement qu'il me sera possible.

Notions préliminaires sur la taille du pêcher. — Nous voici devant un pêcher (grav. 52) soumis à la forme dite *palmette simple*. Nous sommes au commencement du printemps, l'arbre n'est pas encore taillé. Fixons nos regards sur l'une des branches charpentières; qu'y voyons-nous?

1° La *branche de prolongement*, née de l'œil à bois laissé immédiatement au-dessous de la taille de l'année précédente. Cette branche est elle-même terminée par un œil à bois; puis elle porte sur toute son étendue des *yeux* tantôt *simples*, tantôt *doubles*, tantôt *triples*. Les *yeux simples* sont à *fleur* ou à *bois*; les *yeux doubles* et *triples* sont quelquefois tous à *bois*. Le plus souvent cependant, dans les *yeux doubles*, l'un est à *fleur* et l'autre à *bois*; dans les *yeux triples*, on voit généralement un *œil à bois* entre deux *yeux à fleur*. Quant à la distinction des yeux, elle est facile. L'*œil à fleur* se gonfle et devient *bouton* au printemps; il est alors plus gros que le *bouton à bois*

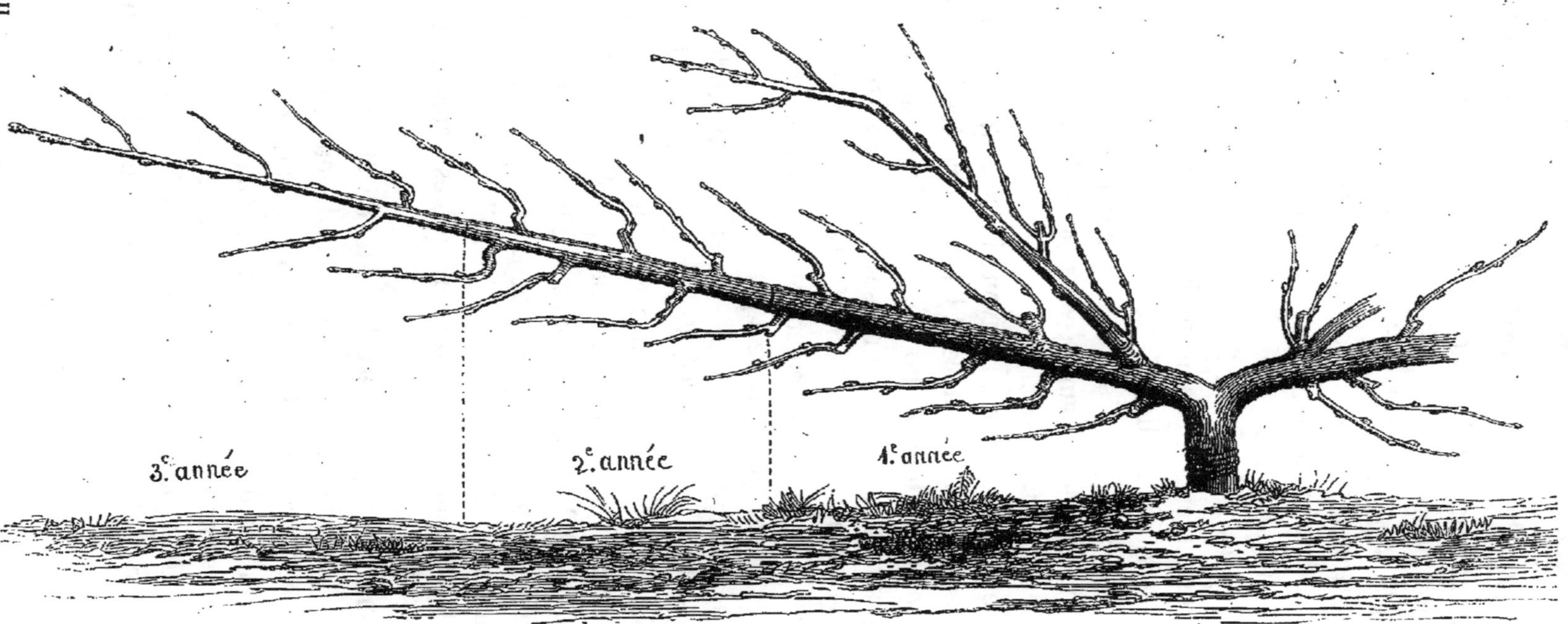

Grav. 52. — Produit de la taille du pêcher en trois années.

et couvert d'un duvet blanc rosé. Le *bouton à bois* reste petit, maigre et pointu.

Tout *bouton à fleur* s'ouvrira, donnera du fruit ou avortera. Tout *bouton à bois* produira un bourgeon ou *s'éteindra pour toujours;* le pêcher ne conserve pas d'*yeux latents* et ne perce que très-rarement sur vieux bois.

Vous pouvez voir vers l'extrémité de cette même branche de prolongement quelques petites branches produites par des *yeux à bois* qui, au lieu d'attendre le printemps pour se développer, se sont pressés d'épanouir dans le courant même de l'été où ils s'étaient formés ; vous savez déjà qu'on appelle ces branches *faux rameaux.*

2° Descendons; nous trouvons le *bois de deux ans,* partie comprise entre la dernière et l'avant-dernière taille. Ici, plus de *boutons* sur la branche même; on voit des *branches latérales* plus ou moins vigoureuses garnies d'*yeux* de toute espèce, et munies d'un *œil terminal;* toutes les branches âgées d'un an sont particulièrement propres à donner du fruit, c'est ce qu'on appelle la *branche à fruit.*

3° Descendons encore et dépassons l'avant-dernière cicatrice produite par la taille. Vous voyez le *bois de trois ans.* Sur ce bois, vous remarquez encore de petites branches latérales ; mais elles ne sont pas tout à fait pareilles à celles que vous avez vues sur le *bois de deux ans.* Elles se composent de deux parties : la première, âgée de deux ans, plus ou moins longue, suivant la manière dont elle a été taillée au printemps précédent; la seconde, âgée d'un an, qui est garnie de boutons à bois et à fleur.

La première partie est le reste de la *branche à fruit* de l'année précédente, qui a été taillée de manière à lui faire produire une jeune branche qui est la seconde partie et qui, à son tour, donnera du fruit à la saison prochaine. La partie âgée de deux ans se nomme *coursonne,* la partie âgée d'un an s'appelle *branche de remplacement.* Cette branche de remplacement va aussi être taillée pour que son œil à bois le plus bas pousse une nouvelle branche destinée à la remplacer, de sorte que la *coursonne* s'allongera ainsi d'année en année et vivra plus ou moins longtemps, suivant l'habileté du jardinier.

4° Enfin, si nous examinons de plus près, nous trouvons encore une autre espèce de branche plus ou moins délicate, plus ou moins courte, terminée par un bouquet de trois, quatre ou même cinq yeux. Celui du milieu sera toujours un œil à bois que nous désignerons sous le nom d'*œil de pousse*. Les autres seront des boutons à fleurs. Cette petite branche s'appelle *bouquet de mai* ou *cochonnet*. Elle est éminemment fertile : mais elle meurt au bout de l'an, à moins que, par le développement de son œil de pousse, elle ne se transforme en branche à fruit. On la voit le plus ordinairement sur du bois ancien; néanmoins on la rencontre quelquefois sur le jeune bois.

En résumé, nous devons trouver sur toutes les branches charpentières du pêcher, lorsqu'elles ont été bien conduites :

1° La *branche de l'année* ou *branche de prolongement*, garnie de ses yeux simples, doubles ou triples, qui s'épanouiront à fleur ou pousseront à bois;

2° Les *petites branches à fruit* de l'année;

3° Les *coursonnes*, avec leurs *branches de remplacement;*

4° Les *bouquets* ou *cochonnets*.

Nous remarquerons encore que tout œil à bois est *œil de pousse* par rapport aux boutons à fruit placés au-dessous ou à côté de lui; que les boutons à fruit, pour nouer et mûrir, doivent avoir, près d'eux ou au-dessus d'eux, un *œil de pousse* qui attire la sève et les abrite contre un soleil trop vif; qu'il faudra, par conséquent, lorsqu'on taillera la *branche à fruit*, ménager un *œil de pousse* à côté ou au-dessus des *boutons à fleur* qu'on lui laisse; qu'en outre, il faudra veiller à ce que l'*œil à bois de la base* se développe pour donner une *branche de remplacement*.

Taillons maintenant.

VINGT-QUATRIÈME LEÇON

Taille d'hiver. — Après avoir détaché les liens usés, nettoyé l'arbre et l'espalier sur lequel il est placé, taillez votre branche charpentière, c'est-à-dire rabattez le prolongement de l'année au tiers de sa longueur, sur un bon œil bien conformé, situé, autant que possible, sur le devant de la branche. Ne faites pas votre biseau trop long; que la coupe soit plutôt ronde qu'allongée, afin de ne pas éventer la séve.

Si je vous recommande de rabattre au tiers inférieur, c'est qu'il arrive souvent que, quand on laisse plus de longueur au prolongement, les yeux situés au-dessous de la taille ne se développent pas, s'éteignent et laissent une partie de la branche charpentière dégarnie pour toujours de *branches à fruit.* Il vaut donc mieux, du moins c'est mon avis, tailler court que tailler long.

Passez maintenant aux petites branches latérales qui se sont développées sur le bois de deux ans. Vous savez qu'elles sont garnies d'yeux à bois et de boutons à fruit. Vous voyez, en effet, que l'œil terminal est un *œil à bois*, puis, au-dessous, les yeux sont simples ou multiples, à bois ou à fleur; enfin, les *deux ou trois yeux les plus près de la base sont presque toujours des yeux à bois simples.* Or il faut opérer de manière que, tout en laissant quelques boutons à fleur pour avoir du fruit, l'*un de ces yeux, le plus bas s'il est possible*, pousse un bon bourgeon qui deviendra branche et remplacera, l'année suivante, la *branche à fruit* de cette année.

Choisissez donc, au-dessus de ces *yeux de la base*, trois ou quatre *boutons à fleur*, dont le plus haut soit accompagné ou surmonté d'un *œil de pousse*, et coupez immédiatement au-dessus de cet *œil de pousse.*

Le résultat de la taille sera d'avoir trois ou quatre fruits dans lesquels l'*œil de pousse* attirera la séve, et d'avoir, en outre, un ou deux des *bourgeons de la base* pour *branches de remplacement.*

Mais la *branche à fruit* ne se présentera pas toujours dans les mêmes conditions.

Supposez-la, par exemple, garnie de bons *yeux à bois*, depuis sa base jusqu'à la moitié de sa longueur, et de quelques boutons à fleur vers son extrémité : — laissez un ou deux boutons à fleur munis d'un *œil de pousse* et un ou deux des *yeux à bois de la base*, puis faites sauter avec l'ongle tous les autres, car ils pousseraient des bourgeons au détriment de ceux que vous voulez conserver.

Supposez encore une branche faible, portant un seul *œil à bois* près de sa base et ne montrant, au-dessus, que des boutons à fruit *simples* jusqu'à l'œil terminal : — de œeux choses l'une, ou sacrifiez tout le fruit et taillez sur l'*œil à bois*, ou bien gardez toute la branche et ne coupez rien ; car, vous le remarquerez, les boutons à fruit étant *simples*, vous n'avez que l'œil terminal qui puisse vous servir d'*œil de pousse*. Palissez sur-le-champ cette branche en la courbant, pour que l'*œil à bois de la base* sorte plus vigoureusement. Plus tard, vous pincerez l'œil de pousse, afin de favoriser encore le développement du bourgeon sorti de l'*œil à bois de la base*.

Vous avez maintenant une petite branche sur laquelle vous ne trouvez que des boutons à fleur; les plus bas sont *simples*, les plus élevés sont doubles ou triples : — taillez sur l'œil de pousse le plus rapproché de la base, palissez, courbez, pincez, faites de votre mieux pour qu'il se manifeste au talon un œil adventif, faute duquel vous n'aurez, pour remplacement, que l'œil de pousse quelquefois très-éloigné.

Si tous les boutons à fleur sont *simples* jusqu'à l'œil terminal, — ne taillez pas ; mais palissez, courbez et pincez comme dans le cas précédent.

Enfin la branche à fruit ne porte que des yeux à bois : —

vous n'avez pas à hésiter dans cette circonstance; taillez immédiatement au-dessus des deux premiers yeux de la base. Vous aurez alors deux bourgeons, et, par suite, deux branches de remplacement que vous pourrez conserver si toutes deux sont assez vigoureuses pour venir à bien; dans le cas contraire, vous supprimerez la plus faible pendant la taille d'été.

Vous arrivez aux *coursonnes*. La partie qui a donné du fruit dans le courant de l'été précédent a dû être rabattue après la cueillette; si pourtant on avait oublié de le faire, on commencerait par supprimer cette partie devenue inutile, puis on taillerait la *branche de remplacement*, comme il vient d'être dit, en tenant compte des diverses circonstances énumérées ci-dessus.

Lorsqu'il y aura sur une coursonne déjà vieille et trop allongée plusieurs *branches de remplacement*, vous ne manquerez pas de la raccourcir et de la rajeunir en rabattant sur la branche la plus basse et en taillant cette branche elle-même sur l'œil le plus rapproché du talon.

Qu'allez-vous faire maintenant des *bouquets* ou *cochonnets?* Le plus ordinairement on ne doit pas y toucher. La production du fruit les épuise. Ils seront bientôt réduits à l'état de bois mort que vous supprimerez à la taille suivante. Quelquefois, cependant, l'*œil de pousse* se développe avec force et devient branche à fruit. D'autres fois (mais le cas est plus rare) on aperçoit un ou deux *yeux à bois* au-dessous du bouquet de *boutons à fleur*. C'est une bonne fortune; car ces yeux se développeront en bourgeons, et, si plus tard vous pincez l'*œil de pousse*, si plus tard encore vous rabattez le bouquet après la cueillette du fruit, les bourgeons deviendront véritables *branches de remplacement*.

Voilà les opérations d'hiver. La meilleure époque pour y procéder est celle où les boutons à fleur sont près de s'ouvrir : de la mi-février aux premiers jours de mars.

Quant au palissage, aux mesures à prendre pour maintenir

l'équilibre de végétation, aux opérations nécessaires pour obtenir une bonne charpente, je n'ai pas besoin d'en parler ici. Il n'y a pas, sur ces divers points, de règles spéciales pour le pêcher, je ne puis donc que vous renvoyer aux principes généraux déjà posés dans les chapitres précédents.

———

VINGT-CINQUIÈME LEÇON

TAILLE D'ÉTÉ, OU TAILLE EN VERT.

Taille d'été. — PREMIÈRE ÉPOQUE. — L'arbre est taillé, sa végétation se ranime, les boutons à fleur viennent de s'épanouir, les boutons à bois se développent à leur tour; profitez des premiers beaux jours pour pratiquer l'*ébourgeonnement à œil poussant*.

Cette opération consiste à enlever avec les ongles, 1° sur les *branches charpentières* : tous les *bourgeons* situés sur le devant et sur le derrière; ces branches devant être garnies seulement sur les côtés, *en dessus* et *en dessous*, de manière à présenter, à peu près, la disposition d'une arête de poisson.

Si pourtant vous aviez perdu quelques *branches à fruit*, quelques *coursonnes*, et si, par suite, vous aviez des vides à combler, ménagez les *bourgeons* les mieux placés vis-à-vis ces vides, et, plus tard, vous les palisserez en les ramenant le plus adroitement possible à la place des branches qui ont disparu.

2° Sur les *branches à fruit* : les *bourgeons* qu'on a oublié d'*éborgner* à la taille d'hiver; il ne faut laisser que l'*œil de pousse* et les deux plus près du talon.

Je dois vous faire remarquer que, pour *ébourgeonner* à œil poussant, il ne faut pas enlever le bourgeon avec son *empatement*; il suffit de le trancher avec les ongles à un 1 ou 2 millimètres au-dessus de cet *empatement*.

DEUXIÈME ÉPOQUE. — Si vous avez oublié quelques bourgeons, s'ils se sont développés, les ongles ne suffisent plus; il faut les enlever en les coupant avec la lame du greffoir ou d'une petite serpette bien affilée. C'est aussi le moment d'enlever, sur les bourgeons *doubles* ou *triples*, ceux que vous ne devez pas conserver; enfin, vous avez déjà quelques faux bourgeons qu'il faut faire disparaître de la même manière, en respectant, toutefois, ceux qui naissent près du talon de la branche, et ceux qui sont sortis sur les deux ou trois yeux de l'extrémité. On appelle cette opération : *ébourgeonnément des bourgeons et des faux bourgeons développés.*

Le *bourgeon de prolongement* doit être l'objet d'une surveillance particulière; s'il est *multiple*, vous gardez le mieux placé pour prolonger la branche, et vous enlevez tous les autres. S'il porte des *faux bourgeons*, vous les respectez; car, si vous les enlevez, il pourra en paraître d'autres sur des yeux que vous voulez conserver pour la taille prochaine.

Le *bourgeon de prolongement* doit être palissé avec soin au fur et à mesure qu'il s'allonge.

C'est aussi le moment de visiter les branches qui ont porté des fleurs. — Déjà le jeune fruit se montre couvert de son duvet soyeux; s'il est vermeil, s'il grossit, n'y touchez pas; mais voici des fleurs passées dont les calices sont flétris, dont les ovaires sont desséchés; il est évident que vous n'aurez pas de fruit, et, comme la branche qui les porte n'en produira plus, elle devient inutile; rabattez-la immédiatement jusque sur le bourgeon de remplacement : c'est ce qu'on appelle le *rapprochement en vert.*

TROISIÈME ÉPOQUE. — Les bourgeons se sont allongés, il est temps de commencer le *pincement* (grav. 33). Inutile de vous répéter que cette opération se fait avec les ongles du pouce et du premier doigt; elle a pour effet immédiat d'arrêter, ou du moins de ralentir pendant quelques jours la végétation trop active de quelques *bourgeons*, notamment de ceux qui sont placés en dessus de la branche charpentière, ou vers l'extrémité de la branche de prolongement. Ces bourgeons doivent donc être pincés au-dessus de la dixième ou douzième feuille; mais si, par la largeur de leur empatement, par la grosseur de la tige et la vigueur de la végétation, ils s'annoncent en *gourmands,* n'hésitez pas, coupez au-dessus de la deuxième

Grav. 33. — Pincement du pêcher.

ou troisième feuille. Le gourmand se changera alors en deux ou trois petits bourgeons qui pourront être taillés l'année prochaine comme *branches à fruit.* Pour les bourgeons qui se trouvent en dessous de la branche charpentière, et généralement pour tous ceux qui naissent dans les parties inférieures, il est assez rare qu'on ait besoin de les pincer. Dans tous les cas, soyez prudents, laissez-les s'allonger jusqu'à vingt-cinq ou trente

7.

feuilles, pincez-les alors entre la vingt-cinquième et la trentième feuille, quelquefois même ne les pincez pas du tout.

Souvenez-vous surtout que, pour maintenir la séve dans le centre et le bas de votre arbre, il faut laisser le plus grand nombre possible de feuilles et de branches vertes.

Le *bourgeon terminal* ou *de prolongement* ne doit être pincé que dans le cas où l'équilibre de végétation serait rompu par sa trop grande vigueur.

On peut aussi pincer les *faux bourgeons*, mais avec beaucoup de ménagement et de circonspection. Vous pincez, par exemple, vers la huitième ou neuvième feuille, les *faux bourgeons* qui se montrent sur les côtés du *bourgeon de prolongement;* vous commencez par ceux de dessus, et vous passez ensuite à ceux de dessous.

Vous pincez de même quelques-uns de ceux qui sont sortis sur la *coursonne* ou sur le *bourgeon de remplacement.* Gardez-vous toutefois de pincer un *faux bourgeon voisin d'un bon œil ou de plusieurs bons yeux;* vous verriez presque sûrement ces *bons yeux* se changer à leur tour en *faux bourgeons.*

Enfin, le pincement d'un faux bourgeon qui sort sur un autre faux bourgeon doit être opéré sans ménagement sur la première ou sur la deuxième feuille.

Quelques jours après le pincement, vous palisserez, c'est-à-dire vous attacherez chaque bourgeon avec du jonc en lui donnant, sur l'espalier, une direction convenable. C'est le *palissage d'été.*

Vers la fin de juillet, vous pourrez, si quelques vides se sont faits sur vos branches charpentières, les combler en appliquant des écussons à œil dormant.

Je dois vous faire observer, en terminant, que le *rapprochement en vert* continue pendant toute la saison.

Il faut, en effet, rabattre immédiatement, sur les bourgeons de remplacement, toutes les branches dépouillées de leurs fruits, soit qu'ils aient péri par accident, soit qu'ils aient été cueillis par la main du jardinier.

VINGT-SIXIÈME LEÇON

FORMES DIVERSES DONNÉES AU PÊCHER. — VARIÉTÉS.

Formes diverses données au pêcher.—Le pêcher, comme nous l'avons déjà dit, peut végéter et donner quelques beaux fruits en plein vent; mais il se dégarnit promptement du bas, se charge de bois mort et forme une tête fort irrégulière.

Le plus ordinairement on le plante au pied d'un mur, puis on le dresse sur un espalier. Les formes les plus usitées sont : la *palmette simple*, la *palmette double*, le *V ouvert*, l'*éventail* et la *forme carrée*.

V OUVERT, — PALMETTE. — Nous avons dit précédemment comment on obtient ces formes diverses et la charpente qui les compose. Nous n'y reviendrons pas; nous dirons seulement que la *forme en V ouvert*, qui avait été adoptée par les jardiniers de Montreuil, a été peu à peu abandonnée et remplacée par la *palmette*. Dans le *V ouvert*, en effet, on établit le jeune pêcher sur deux branches divergentes auxquelles on fait produire une charpente régulière; or il s'écoule toujours un temps assez long avant que le vide laissé sur l'espalier par la divergence des deux bras du *V ouvert* puisse être rempli; il en résulte donc une perte très-sensible pour la production du fruit. La *palmette* offre l'avantage incontestable de couvrir promptement toute la surface du mur et de l'utiliser en produisant partout des fruits.

FORME CARRÉE. — La *forme carrée* a été longtemps en faveur; elle vaut mieux que le *V ouvert* parce qu'elle couvre plus rapidement la surface du mur. Elle est inférieure à la *palmette* sous ce rapport que les premières branches de l'intérieur de la charpente, partant, comme dans le *V ouvert*, de deux bras divergents, se trouvent dans une position trop rapprochée de la *verticale*. Dès lors, elles aspirent une trop grande quantité de séve et tendent continuellement à s'emporter aux dépens des branches du dessous.

Je crois donc qu'il faut préférer la *palmette simple* ou la *palmette double*.

CORDON OBLIQUE (grav. 34). — Voilà, sans contredit, une des plus heureuses innovations de l'horticulture moderne. C'est aujourd'hui la forme à la mode; elle est simple, facile à obtenir, facile à diriger; ainsi conduits, les pêchers tapissent promptement l'espalier et se couvrent de fruits. La durée des arbres est un peu moins longue peut-être; mais cet inconvénient est bien compensé par la précocité, par la quantité des produits.

Vous plantez à 80 centimètres les unes des autres des greffes d'un an; vous provoquez, par une première taille, la sortie d'un bourgeon vigoureux que vous laissez filer sans le raccourcir; mais vous le courbez dès le bas et vous l'inclinez sur l'espalier de manière à former un angle de 45°; voilà votre charpente. La courbure de cette tige principale fait développer, sur toute son étendue, une quantité de bourgeons suffisante pour l'établissement des *branches à fruit* et des *coursonnes*. La position inclinée du cordon permet de lui laisser prendre assez d'extension pour qu'il s'arrête de lui-même avant d'atteindre le sommet du mur; dans tous les cas, vous le contenez par le pincement, et la manière dont il s'emboîte sur son voisin ne laisse pas un décimètre carré de l'espalier sans rameaux ornés de fruits ou de verdure.

Le pêcher fleurit de très-bonne heure : il arrive souvent que les fleurs ou les fruits naissants sont brûlés par les gelées blanches. Il faut, quand on peut prévoir ces accidents, abriter les arbres pendant la nuit avec des toiles ou des paillassons soutenus par des perches. On peut aussi établir, sur le sommet du mur, un auvent en planches d'une saillie de 35 à 40 centimètres, légèrement incliné vers le sol; cet abri suffit presque toujours pour garantir les arbres en espalier.

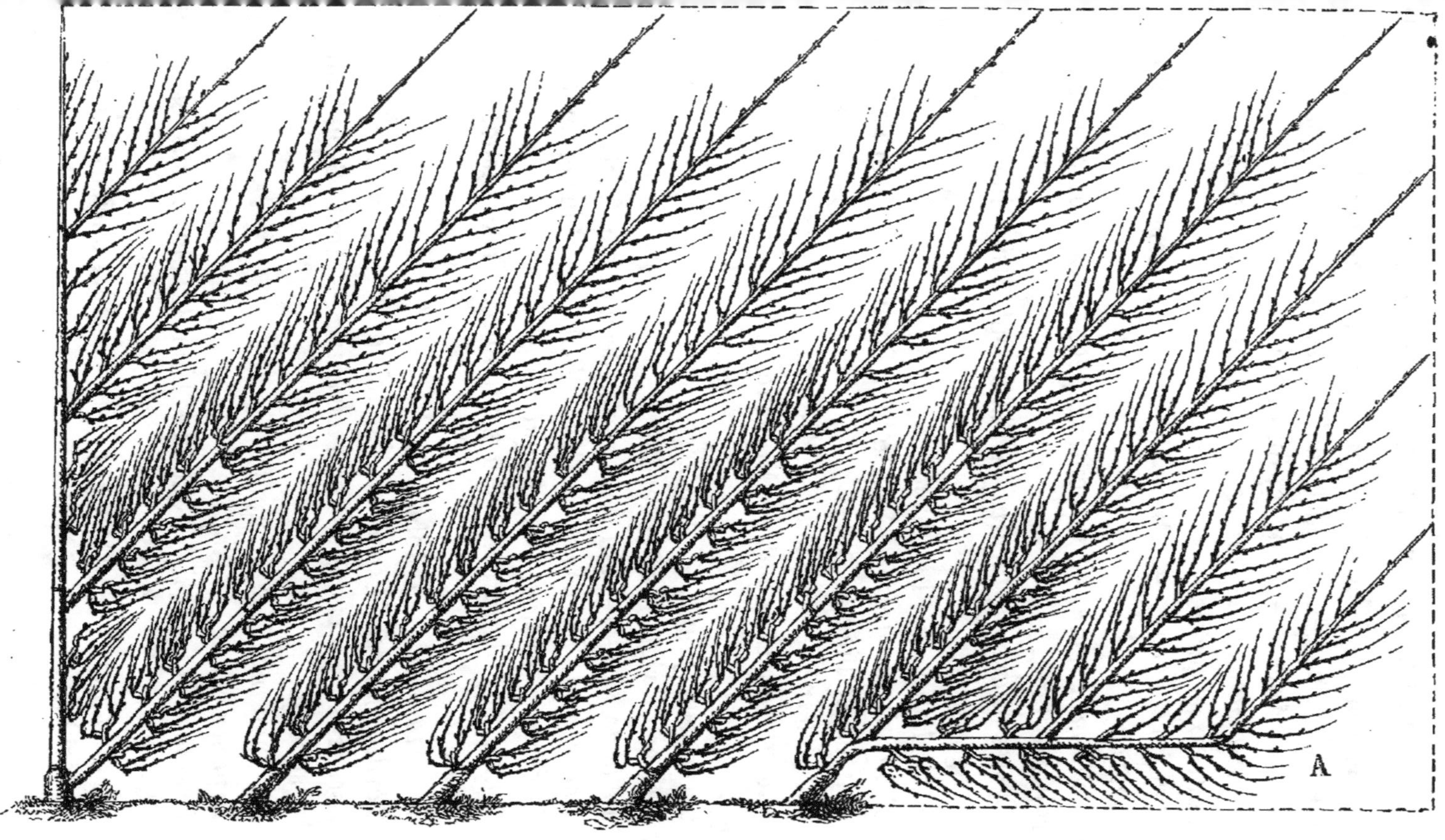

Grav. 34. — Pêchers en cordons obliques.

Variétés. — Voici une nomenclature des variétés et des espèces le plus généralement cultivées.

Desse hâtive. — Maturité, fin de juillet.

Grosse mignonne hâtive. — Commencement d'août. Arbre vigoureux et fertile.

Pourpre hâtive. — Mi-août. Fruit très-parfumé, à chair pourprée.

Belle mousseuse. — Mi-août. Espèce très-recommandable. Fruit excellent.

Grosse mignonne tardive. — Fin d'août. Fruit énorme, arbre très-vigoureux.

Belle Bausse. — Fin d'août.

Reine des vergers. — Septembre. Beau fruit, arbre vigoureux, pousse bien à l'ouest.

Magdeleine de Courson. — Mi-septembre.

Violette de Courson. — Mi-septembre. Joli fruit, très-coloré.

Admirable jaune. — Fin septembre. Fruit superbe, chair jaune; arbre vigoureux et fertile.

Belle de Vitry. — Fin septembre. Beau et bon fruit.

Bourdine de Narbonne ou *Grosse Royale.* — Fin septembre.

Chevreuse tardive. — Fin septembre.

Admirable blanche. — Fin septembre. Fruit blanc, sans coloration.

Desse tardive. — Octobre.

Tardive jaune d'Espagne. — Octobre.

Espèces a peau lisse. — *Brugnon blanc.* — Août. Beau fruit, très-parfumé.

Brugnon impérial. — Août.

Brugnon jaune. — Août.

Brugnon Stanwick. — Octobre. L'un des plus beaux et des meilleurs.

Brugnon noir. — Octobre. Fruit passable, curieux à cause de sa couleur.

CHAPITRE XI

CULTURE ET TAILLE DE L'ABRICOTIER, DU PRUNIER, DU CERISIER

———

VINGT-SEPTIÈME LEÇON

ABRICOTIER. — PRUNIER. — CERISIER.

Abricotier. — CULTURE ET MULTIPLICATION. — Les fruits de l'abricotier ne sont réellement bons que lorsqu'ils sont cueillis sur un arbre de *haut vent;* mais sa floraison est si précoce, que les espérances du jardinier sont, le plus souvent, détruites par les gelées tardives et les intempéries du printemps. C'est pourquoi nous le voyons presque toujours planté le long des murs, et dressé sur des espaliers à l'exposition du levant ou du midi. Dans cette position, on peut lui donner la forme en *éventail* ou celle en *cordon oblique simple.* On le greffe sur prunier à 1 mètre 50 centimètres de hauteur, puis on palisse la tête en éventail, ou bien on le plante, ainsi greffé, en plein air, pour lui donner la forme du *vase* ou du *gobelet.*

L'abricotier demande un sol calcaire un peu compacte, il redoute les terres sableuses et l'humidité stagnante.

La *greffe* la plus employée pour le multiplier est l'*écusson à œil dormant,* sur amandier ou mieux sur prunier.

VÉGÉTATION NATURELLE DE L'ABRICOTIER. — Si maintenant nous voulons étudier sa *végétation naturelle,* approchons-nous encore d'un arbre en espalier, quelque temps avant la taille d'hiver; prenons une branche charpentière, que nous allons examiner en commençant par son extrémité la plus jeune.

Nous voyons d'abord le *rameau de prolongement* ou *bois*

d'un an. Il est terminé par un amas de boutons à fleur et à bois, au milieu desquels se trouve l'œil *terminal;* puis, en descendant, nous trouvons, placés en hélice les uns au-dessous des autres, des yeux tantôt *simples*, tantôt *multiples*, portés sur des renflements assez saillants. Les yeux *simples* sont à bois, les yeux *multiples* sont mélangés de boutons à fleur et de boutons à bois qui doivent servir d'*œil de pousse*. Plus on est près de l'œil terminal, plus on voit de boutons *multiples;* plus on descend, plus on trouve de boutons *simples*. Remarquons encore, avant de passer au bois de deux ans, qu'on peut distinguer assez facilement sur le rameau de l'année deux parties : 1° celle qui est le résultat de la pousse du printemps; 2° celle qui s'est développée pendant la séve d'août. Le point de séparation est marqué par quelques rides circulaires, au-dessus desquelles le bois est plus lisse et d'une couleur moins foncée que celui de la partie inférieure. On dit, de la première partie, qu'elle est *aoûtée;* et, de la seconde, qu'elle est encore *sous-ligneuse*. Cette seconde partie est fort délicate; les gelées ou les verglas peuvent la détruire, et, ce qu'il y a de plus fâcheux, c'est que le mal dépasse souvent les limites marquées par les rides : il se propage du haut en bas; la branche est alors entièrement perdue.

Passons au *bois de deux ans*. Nous voyons, sur la branche principale, des branches plus ou moins vigoureuses garnies de boutons *simples* et *multiples*, comme la branche à fruit du pêcher. Nous trouvons aussi quelques gourmands, si le pincement a été négligé; enfin, et surtout au-dessous de tous ces gourmands, nous remarquons de petites *brindilles* très-courtes, munies de bons yeux multiples, comme le *cochonnet* du pêcher. Quant aux yeux *apparents*, nous n'en distinguons pas; mais il y a des yeux *latents* qui sortiront sur vieux bois à la première occasion favorable.

Le bois de trois ans et celui de quatre ans fournissent : 1° des *brindilles;* 2° des *branches à fruit* provenant du développement de quelques *yeux latents;* 3° des *branches à fruit de remplacement* sorties sur la branche à fruit de l'année précédente, qui est devenue *coursonne* par l'effet du *rapprochement en vert* ou de la taille.

Résumons-nous : les *boutons à fleur* sont toujours placés sur le bois d'un an; — les *boutons à bois apparents* sont aussi placés sur du bois de l'année; — le vieux bois recèle souvent des *yeux latents*, qui produisent des brindilles ou des branches à fruit; — les parties jeunes et sous-ligneuses de l'arbre sont très-délicates; — les parties anciennes, au contraire, sont robustes et fournissent des bourgeons qui percent sur la vieille écorce.

Taille proprement dite. — D'après ce qui vient d'être dit, la *taille proprement dite* ne vous présentera pas de grandes difficultés.

Pour la *branche de prolongement*, vous couperez sur un bon œil aux deux tiers environ de la longueur totale, sans vous occuper des boutons à fleur et de manière à favoriser le développement de tous les yeux à bois, qui produiront de jeunes *branches à fruit* pour l'année prochaine.

La branche à fruit de l'année précédente sera légèrement raccourcie, de manière à conserver le plus de fruit possible, sans trop vous inquiéter des *branches de remplacement;* car il suffira, pour les obtenir, de rapprocher après la cueillette du fruit, ou de tailler court au printemps.

Les petites brindilles ne seront point touchées, vous enlèverez seulement toutes celles que l'hiver aura fait périr et vous verrez sortir, très-probablement, sur le talon que vous laisserez, des yeux qui se développeront et donneront de nouveaux bourgeons.

La *branche de remplacement* sera taillée comme la jeune branche à fruit. Il sera bon de n'en laisser que deux ou trois sur chaque *coursonne*.

Quant à l'*établissement de la charpente*, vous suivrez, pour l'abricotier, les règles que nous avons tracées pour tous les autres arbres; mais vous aurez, n'en doutez pas, bien des déceptions, si vous tenez à conserver l'équilibre de végétation et la régularité de la forme. Il n'est pas d'arbre plus capricieux : tantôt il pousse avec force vers ses extrémités; tantôt, au contraire, la séve refoulée fait sortir dans les parties basses des productions qui se développent tout à coup au détriment des branches supérieures; tantôt, enfin, des membres entiers se dessèchent et meurent sans qu'on puisse en reconnaître la cause; en un mot, les jardiniers les plus habiles ne sont jamais sûrs d'établir et de conserver longtemps une symétrie parfaite entre toutes les parties d'un abricotier en espalier.

L'*ébourgeonnement* se fait comme sur le pêcher pour les bourgeons placés en avant et en arrière de la branche principale. Gardez-vous d'ébourgeonner sur le talon même du bourgeon; il faut couper sur la *troisième feuille;* cette précaution est surtout indispensable pour les bourgeons multiples.

Le *pincement* exige aussi quelques soins; car, si vous le pratiquez inconsidérément, il fera développer une grande quantité de *faux bourgeons* qui ne s'*aoûteront* pas avant l'hiver, périront facilement et communiqueront le mal aux branches dont ils font partie.

Or l'expérience et l'observation nous ont appris qu'on ne voit guère apparaître de *faux bourgeons* avant la sixième ou septième feuille; donc il faudra *pincer* vers la douzième feuille, et enlever successivement les *faux bourgeons* de manière à amuser la séve jusqu'en octobre.

Quand le pincement aura été négligé, vous rabattrez en vert avec un instrument bien affilé, puis vous palisserez. Vous n'oublierez pas aussi de rapprocher toutes les *branches à fruit* sur les bourgeons de remplacement, aussitôt qu'elles seront dépouillées de leur récolte.

Variétés. — Voici la liste des meilleures variétés.

Précoce. —Maturité, juin. Fruit petit, parfumé, très-recherché. Plein vent, espalier, est, sud, ouest.

Musch. — Maturité, mi-juillet, espalier, à l'est ou au sud.

Montgamet. — Fin juillet. Plein vent, en vase ou en espalier, ouest et sud.

Gros Saint-Jean. — Fin juillet. Espalier, à l'ouest.

Royal. — Mi-août. Plein vent, à l'est, au sud ou à l'ouest.

Pourret. — Mi-août. Plein vent, espalier, à l'est ou à l'ouest.

Pêche. — Fin d'août. Plein air, en vase, espalier, à l'ouest ou au sud.

Alberge de Tours. — Août. Plein vent, espalier, sud-est et sud.

D'Alexandrie. — Août. Gros fruit, excellent, espalier, ouest et sud.

Moorparck. — Août. Fruit nouveau et excellent, espalier, est et sud.

Baugé. — Septembre. Plein vent, espalier, est, sud et ouest.

Tardif. — Septembre. Gros fruit, très-bon, espalier, est et sud.

Prunier (*prunus sativa*). Famille des rosacées. — Cet arbre est précieux dans nos campagnes parce qu'il donne son fruit pendant les plus fortes chaleurs de l'été; c'est ce fruit dont la pulpe succulente et sucrée rafraîchit le moissonneur lorsqu'il travaille sous l'influence directe des rayons brûlants du soleil; aussi le trouvons-nous presque toujours aux environs de la ferme et surtout non loin de l'aire à battre les grains.

CULTURE ET MULTIPLICATION. — Le prunier pousse à peu près partout, cependant il préfère un sol calcaire ou siliceux, pourvu qu'il y trouve une légère couche d'humus; il redoute l'humidité.

On le cultive presque toujours en plein vent, et, dans ce cas, on le forme sur quatre ou cinq branches, comme tous les autres arbres fruitiers; on raccourcit successivement les membres de la charpente pendant deux ou trois ans, puis on l'abandonne à lui-même en ayant soin, toutefois, d'enlever le bois mort et de supprimer les gourmands ou les branches qui poussent à l'intérieur. J'ai vu quelques pruniers en espalier sous la forme d'un éventail très-serré ou d'un cordon oblique. Ils sont assez faciles à conduire et se taillent à peu près comme l'abricotier.

Nos pépiniéristes les multiplient de semis; mais on peut aussi les multiplier de rejetons; dans le premier cas, les sujets donnent rarement de bons fruits : il faut les greffer; mais, dans le second, ils reproduisent le type qui les a fournis, et les rejetons d'un bon prunier portent presque toujours de bonnes prunes.

VÉGÉTATION NATURELLE DU PRUNIER. — Je pourrais m'arrêter là; je poursuis cependant, parce que je crois utile de vous signaler, dans la végétation naturelle de cet arbre, quelques particularités qui le distinguent des autres arbres à fruits à noyaux, et qui semblent le rapprocher un peu des arbres à fruits à pepins.

Ainsi nous trouvons bien sur le *bois d'un an des boutons à fleur* qui *nouent* et produisent du fruit; mais le plus ordinairement nous y voyons des *boutons à bois* et des *boutons à feuilles* ou *rosettes*, qui s'allongent un peu pendant l'été pour donner au printemps suivant, sur le bois de deux ans, un petit bouquet de fleurs accompagné d'un *œil de pousse*. Cet œil de pousse s'allonge à son tour et forme sur le bois de trois ans, soit une *brindille couronnée*, soit une petite *branche à fruit* garnie, latéralement, de *boutons à fleur* et de *rosettes;* ces *rosettes* forment encore des *brindilles*, qui pourront elles-mêmes se bifurquer jusqu'à ce qu'elles meurent d'épuisement; de telle sorte qu'on voit sur les pruniers des productions fruitières presque aussi vieilles que sur les poiriers et les pommiers. Il y a plus, vous reconnaîtrez que le vieux bois conserve la faculté d'émettre des yeux sur toutes ses parties et qu'un *bouton à feuilles*, convenablement taillé, se transforme facilement en *bouton à bois*.

TAILLE EN ESPALIER. — Donc, si vous voulez cultiver le prunier en espalier, les règles de la taille seront bien simples :

raccourcir la branche de prolongement, respecter toutes les *rosettes, brindilles* ou *branches à fruit* pendant les deux premières années, les raccourcir sur un bon œil la troisième année pour les rajeunir, enfin, les rabattre sur l'empatement au moment où vous les verrez près de périr; dans ce dernier cas, il sortira presque toujours des branches de remplacement sur les rides de cet empatement.

Variétés. — *Jaune hâtive.* — Maturité, fin juin. C'est une des premières prunes de la saison.

Mirobolant jaune. — Commencement de juillet.

Précoce de Berghtold. — Mi-juillet. Très-bon fruit, arbre fertile.

De Montfort. — Fin de juillet.

Monsieur. — Fin de juillet.

Monsieur à fruits jaunes. — Fin de juillet. Excellente espèce.

Dumas de Provence. — Août.

Damas de Maugeron. — Août. Très-bon fruit, arbre fertile.

Reine Claude ordinaire. — Fin d'août. La meilleure des prunes.

Reine Claude abricot vert. — Fin d'août. Moins savoureuse que la première.

Reine Victoria. — Fin d'août.

Mirabelle grosse. — Fin d'août.

Mirabelle petite. — Commencement de septembre.

Drap d'or d'Esperen. — Commencement de septembre.

Diaprée rouge, ou *rochecorbon.* — Commencement de septembre.

Gros Damas blanc. — Commencement de septembre.

Reine Claude rouge. — Mi-septembre.

Reine Claude violette. — Mi-septembre.

Reine Claude de Bavay. — Fin septembre. Excellente, mais il faut la manger bien mûre.

Reine Claude diaphane. — Fin septembre. Très-belle et très-bonne prune.

Surpasse Monsieur. — Fin septembre.

Waterloo. — Commencement d'octobre.

Saint-Martin. — Octobre et novembre. On la cueille quelquefois couverte de gelée blanche.

VARIÉTÉS POUR PRUNEAUX. — *D'Agen*.— Septembre. Fruit très-gros, on l'appelle aussi *Robe de Sergent*.

Washington. — Septembre.

Couestche d'Italie. — Septembre. Fruit très-gros et très-allongé.

Sainte-Catherine. — Septembre. Excellent fruit, arbre très-fertile.

Cerisier (*cerasus avium*). Famille des rosacées. — Encore un beau présent du ciel, un arbre magnifique, qui donne ses fleurs nombreuses au printemps et ses drupes succulentes dès la fin de mai. Les jeunes enfants et les petits oiseaux connaissent bien ce joli fruit, qui se colore du rouge le plus vif et pend aux branches comme les glands d'une frange élégante.

CULTURE ET MULTIPLICATION. — Les cerisiers, dans nos pays, ne se voient guère qu'en plein vent, on les trouve dans les champs, dans les haies, dans les vergers; dans les jardins; partout ils poussent avec vigueur, pourvu qu'ils soient plantés dans un sol plutôt sec qu'humide, de consistance moyenne, siliceux ou calcaire.

Ils se multiplient facilement de semis; mais, pour obtenir de bons fruits, on greffe les espèces les plus recommandables, tantôt sur *franc*, tantôt sur le *merisier* à grappes, tantôt sur l'*arbre de Sainte-Lucie* ou *prunier de Malaheb*. On emploie surtout ce dernier sujet lorsqu'on veut modérer la force de végétation de ces arbres, qui, sur franc ou sur merisier, deviennent le plus ordinairement d'une grandeur et d'une force telles, qu'on exploite leur tronc comme bois d'ouvrage. Ce bois est employé surtout par les chaisiers et les menuisiers pour meubles de première nécessité.

La greffe la plus usitée est l'écusson; néanmoins on peut

employer la greffe en fente et même la greffe en couronne sur de vieux sujets.

TAILLE ET VÉGÉTATION NATURELLE DU CERISIER. — Je n'ai rien à vous dire de la végétation naturelle et de la taille du cerisier : je serais obligé de répéter à peu près ce que j'ai dit pour le prunier. Je ne l'ai jamais vu en espalier; on lui donne quelquefois la forme de pyramide. Je sais qu'on peut aussi le cultiver en cordons obliques; mais, sous ces deux dernières formes, il faut nécessairement le greffer sur *Sainte-Lucie* pour qu'il ne s'emporte pas.

Quant aux sujets de haut vent, ils doivent être conduits comme tous les autres arbres, c'est-à-dire formés sur trois ou quatre branches que l'on raccourcit pour obtenir la charpente; il est important de les débarrasser de leur bois inutile et de les rajeunir quand ils commencent à s'épuiser, en les rabattant sur les branches les plus vigoureuses.

VARIÉTÉS LE PLUS GÉNÉRALEMENT CULTIVÉES. — *Bigarreau de mai.* — Maturité, fin de mai.

Royale hâtive. — Commencement de juin.

Belle de Choisy. — Juin.

Griotte commune. — Juin.

Royale Cherry-Duck. — Fin de juin.

Bigarreau commun. — Commencement de juillet.

Bigarreau à gros fruit. — Commencement de juillet. Très-belle et très-bonne variété.

Bigarreau blanc à gros fruit. — Commencement de juillet.

De Mezel. — Juillet. Superbe et excellente cerise.

Elton. — Juillet.

Esperen. — Juillet. L'une des plus belles cerises connues.

Reine Hortense. — Juillet.

Napoléon. — Juillet.

Dowton. — Juillet.

Noir de Prusse. Juillet.

Belle de Sceaux. — Juillet.

Cerise aigre commune. — Juillet.

Cerise hâtive. — Mi-juin.
  — *à bouquet.* — Juillet.
  — *Belle de Soissons.* — Fin juillet.
  — *de Bourgueil.* — Fin juillet.
  — *de Saint-Cyr.* — Fin juillet.
  — *Impératrice-Eugénie.* — Juillet.

CHAPITRE XII

ARBUSTES A FRUITS COMESTIBLES

VINGT-HUITIÈME LEÇON

GROSEILLIER A GRAPPES. — CASSIS. — GROSEILLIER ÉPINEUX.
FRAMBOISIER.

Groseillier à grappes.—Les fruits du groseillier à grappes sont d'un excellent produit, surtout auprès des villes, où ils sont recherchés pour faire des confitures. Je les ai vu vendre très-souvent 80 et 90 centimes le kilogramme.

CULTURE ET TAILLE.—Le groseillier à grappes croît dans tous les sols et à toutes les expositions; on le plante ordinairement dans les plates-bandes, entre les arbres fruitiers ; quelquefois aussi on en forme des carrés en quinconces. Il vient naturellement en touffes, et la forme la plus naturelle est le buisson ou le gobelet.

Le bois d'un an ne donne pas de fruit; mais, si on le pince à l'extrémité des bourgeons dans le courant de l'été, il se forme sur le bois de deux ans une grande quantité de bouquets et de brindilles, comme sur le prunier. Les branches à fruit s'épuisent assez promptement. Il faudra donc, tous les deux ou trois ans, les supprimer et les remplacer par de jeunes *scions*, qui partent de la racine ou du collet de la plante.

VARIÉTÉS ANCIENNES. — *Commun à fruit rouge.*

Commun à fruit blanc. — Très-doux.

Commun couleur de chair.

Gondouin à fruit rouge. — Très-gros fruit, mais très-acide.

VARIÉTÉS NOUVELLES. — *Belle de Fontenay.*

De Hollande à longues grappes. — Très-belle.

Fertile d'Angers. — Excellente variété, très-productive.

Grosse blanche transparente. — La moins acide et la plus belle.

Hâtive de Berlin.

Queen-Victoria.

Versaillaise.

Cassis. — CULTURE ET TAILLE. — Le cassis se plante et se cultive comme le groseillier à grappes. Il en diffère en ce que le jeune bois produit toujours du fruit. La seule taille qui lui convienne est donc le recepage, au moyen duquel on obtient des rejetons nouveaux qui donnent immédiatement des boutons à fleur et du fruit, avec lequel on fait une liqueur excellente et très-stomachique.

VARIÉTÉS. — *Cassis à fruit noir.*

Cassis à fruit brun.

   — *à gros fruit.*

   — *bank-hup.*

   — *royal de Naples.*

Groseillier épineux. — CULTURE ET TAILLE. — Le groseillier épineux est encore moins délicat sur la nature du sol que le groseillier à grappes. On le plante isolément, ou bien on en forme des haies. Il se taille comme le groseillier à grappes. Les branches à fruit s'épuisent au bout de quatre ou cinq ans; on les renouvelle par le recepage.

MULTIPLICATION. — J'oubliais de vous dire que les groseilliers et les cassis se multiplient de bouture et de rejetons; ces derniers prennent avec la plus grande facilité, pourvu qu'ils aient un bon talon et une ou deux racines.

VARIÉTÉS. — FRUITS BLANCS. — *Blanche transparente.*
Rosée.
Petite blanche hérissée.
Blanche mat.
FRUITS VERTS. — *Verte ovoïde.*
Verte ronde.
 — *ambrée.*
 — *grosse ronde.*
 — *longue.*
 — *transparente.*
 — *olive.*
FRUITS VIOLETS. — *Violette oblongue.*
Violette foncée.
 — *rouge mat.*
 — *cerise.*
 — *veinée.*
 — *ronde.*
 — *duveteuse.*
 — *rouge clair.*

Framboisier (*rubus idœus*). — Notre pays ne produit aucun fruit plus parfumé que la framboise; aucun arbuste moins difficile pour le climat et les qualités du sol que le framboisier. — On le voit, comme la ronce, dont il n'est qu'une variété, végéter au nord, au midi, dans les terrains pierreux, dans les sols profonds, siliceux ou calcaires. Il est bon seulement de le planter dans un endroit un peu ombragé, parce que les fruits sont promptement brûlés par les rayons trop directs du soleil.

CULTURE. — Le framboisier pourrait être considéré comme une plante vivace, car ses racines traçantes produisent des tiges à peine sous-ligneuses garnies de poils rudes et piquants. Elles poussent seulement des feuilles pendant la première

année, elles fleurissent et portent leurs fruits au commencement de la seconde, puis elles meurent; mais déjà elles ont été
remplacées par de nombreux rejetons sortis au printemps; de
sorte que les branches de remplacement ne manquent jamais,
et la plante se renouvelle ainsi indéfiniment. Cependant, comme
ses racines nombreuses épuisent promptement la terre, on est
obligé, pour obtenir de beaux fruits, de changer les plantes de
place tous les cinq ou six ans. Il faut, en outre, les fumer et
les biner tous les deux ans, au printemps.

MULTIPLICATION. — On multiplie le framboisier au moyen de
ses rejetons. Il prend aussi très-facilement de boutures faites
au printemps avec du bois de l'année précédente.

PLANTATION. — La plantation se fait en ligne, dans une plate-
bande bien préparée; on laisse entre chaque ligne un espace
de 40 cent., et, entre chaque touffe, 25 cent. seulement.

TAILLE ET PALISSAGE. — Pendant l'hiver, on commence par
enlever tout le bois mort, puis on choisit quatre ou cinq des
branches les plus vigoureuses de l'année précédente, que l'on
raccourcit de 15 à 20 cent. environ pour prévenir l'avorte-
ment des yeux les plus bas. Au printemps, on plante, de chaque côté des touffes, deux lignes de piquets qui supportent deux
lignes de perches à 75 ou 80 cent. du sol (grav. 35), de manière
que la ligne des touffes se trouve au milieu des deux lignes de
perches. On palisse immédiatement, sur les perches de devant, toutes les branches qui doivent porter fruit; on attend
ensuite la sortie des nouvelles branches, et, à mesure qu'elles
grandissent, on les attache sur les perches de derrière. Par ce
moyen, on évite la confusion; de plus, on obtient, pour les
branches à fruit, les avantages d'un palissage qui les expose
aux influences de la lumière et du soleil.

VARIÉTÉS. — On trouve chez les horticulteurs un assez grand
nombre de variétés de framboisiers; je ne vous donne ici que
les principales, parce que les autres ne sont que des sous-
variétés à peine distinctes de celles que voici :

Barnet ou *rouge à gros fruit.*

Belle de Fontenay. — Très-parfumée.

Blanc à gros fruit.

César blanc. — Très-bonne et très-grosse.

Des deux saisons. — A fruits rouges, parfaitement remontante.

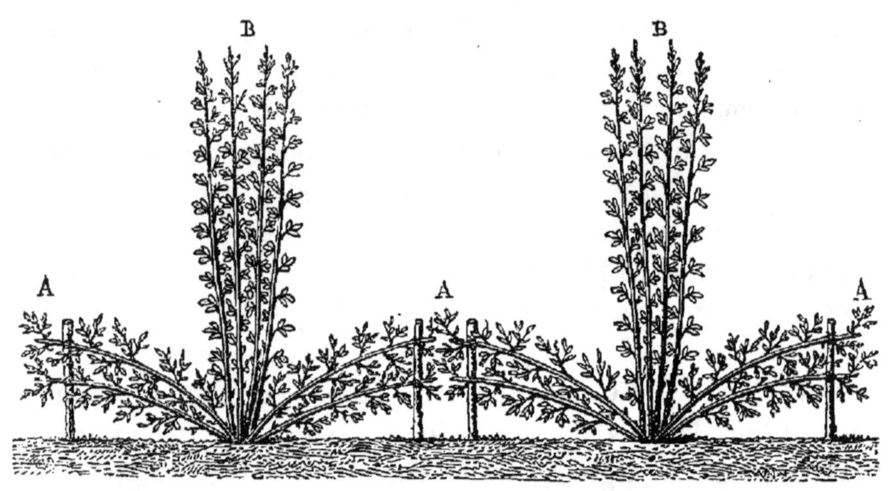

Grav. 55. — Palissage du framboisier pendant sa végétation.

Double Bearing. — Très-belle et très-productive; sa fructification se prolonge jusqu'en novembre.

Grosse rouge longue. — Très-belle et très-parfumée.

Merveille de quatre saisons. — La plus belle et la plus parfumée.

Superbe ou *monstrueuse d'Angleterre.* — Fruit énorme, mais peu savoureux.

CHAPITRE XIII

LA VIGNE

VINGT-NEUVIÈME LEÇON

CULTURE ET TAILLE DES VIGNES CULTIVÉES DANS LES JARDINS.

Vigne. — Je ne crois pas utile, mes chers amis, de vous donner ici la description de la vigne : vous connaissez tous cet arbrisseau précieux dont les tiges sarmenteuses forment sur les murs de nos jardins, sur les façades de nos maisons, d'élégants cordons chargés de belles feuilles et de grappes dorées. Vous connaissez aussi ces vastes terrains où l'on cultive diverses variétés de raisins blancs ou noirs que l'on cueille chaque année pour en faire du vin. C'est là, sans contredit, une des branches les plus importantes de nos grandes cultures; j'en dirai cependant peu de chose, car je m'occupe seulement des arbres fruitiers, et, pour ne pas m'éloigner de mon sujet, je dois considérer le raisin, non comme une récolte, mais comme l'un des fruits les plus savoureux, les plus exquis qu'on puisse admettre sur la table du riche comme au modeste repas du pauvre.

Sol et exposition convenables pour la culture de la vigne. — La vigne vient partout. En France, cependant, les produits sont à peu près nuls dans le nord et sur les points trop élevés de nos montagnes.

Tout sol qui possède de 30 à 40 centimètres de terre végétale est propre à la culture de la vigne; mais elle ne pourrait végéter convenablement dans l'argile pure ou dans les terrains trop humides. Vous noterez aussi que, dans un so trop riche, elle pousse beaucoup de bois et ne donne pas de fruits.

Quant aux expositions, le sud, le sud-est et l'est sont les meilleures; la vigne vient mal à l'ouest et au nord; elle redoute surtout les vallées étroites, le voisinage des marais et des bois élevés. On récolte d'excellents raisins sur les coteaux inclinés à l'est ou au sud.

TREILLES. — On appelle *treilles* les sujets destinés à produire le raisin de table; on les cultive le plus ordinairement le long des murs bien exposés, sur des *treillages*, sur des cordons de fil de fer, sur des lignes de perches soutenues par des piquets, etc. La ligne principale prend le nom de *cep*, les branches longues et flexibles se nomment *sarments*, les feuilles reçoivent la dénomination de *pampres*.

VÉGÉTATION NATURELLE. — Les *yeux* de la vigne naissent sur le *sarment*, dans l'aisselle de chaque *pampre*; on les désigne sous le nom de *bourres*, parce qu'ils sont entourés d'un épais duvet de couleur rousse, que la nature a mis là tout exprès pour les préserver des atteintes de la gelée. Il y a encore cela de remarquable que chaque *bourre* recouvre deux yeux qui peuvent se développer l'un après l'autre, de telle sorte que, si l'un vient à périr, l'autre le remplace immédiatement : c'est pourquoi nous voyons souvent une treille, dont les premiers bourgeons ont été brûlés par la gelée blanche, pousser de nouveaux sarments et donner même quelques raisins.

Au printemps, la *bourre* s'ouvre et produit un jeune bourgeon qui porte en même temps des *pampres* et des boutons à fruit qu'on appelle *formes*. Ces formes sont toujours placées à la partie inférieure du bourgeon, elles fleurissent à la fin de mai; chaque petite fleur produit une graine qui mûrit en septembre, et dont la réunion reçoit la dénomination de *grappe*. Le bourgeon, dans sa partie supérieure, s'allonge, pousse des *pampres*, des *mains* ou *vrilles*, au moyen desquelles il s'attache aux espaliers, aux tuteurs, aux branches des arbres qui sont à sa portée; au mois d'août il fait une seconde pousse

qui reste herbacée, tandis que la première passe à l'état ligneux. Ainsi le sarment de l'année, livré à lui-même, porte :
1° vers sa base, 3 ou 4 *grappes* de raisin; 2° dans toute sa longueur, des *pampres* et des *vrilles;* 3° dans l'aisselle de chaque
pampre, une *bourre* qui s'est formée pendant la belle saison;
4° il est ligneux à sa base, herbacé à son sommet; 5° enfin,
une fois qu'il a porté du fruit, il ne peut plus en produire.

Qu'arrivera-t-il au printemps suivant, si ce sarment n'a pas
été taillé? les nouvelles *bourres* s'ouvriront pour donner naissance à de nombreux bourgeons, dont la végétation devra suivre
très-exactement les phases ci-dessus décrites; mais, comme
le sarment de l'année précédente ne pourra pas les nourrir
tous, les uns avorteront, les autres se développeront mal,
quelques-uns seulement donneront une ou deux grappes ché-
tives et rabougries. Un an de plus, et les bourgeons seront encore plus nombreux, encore plus courts, la confusion sera
telle, d'ailleurs, qu'on ne pourra plus s'y reconnaître.

Taille. ——La taille est donc nécessaire pour la vigne, comme
pour les autres arbres fruitiers. Elle aura, de même, ses opérations d'hiver et ses opérations d'été.

Du reste, vous l'avez déjà pressenti, j'en suis sûr, elle se
rapprochera beaucoup de celle du pêcher.

Que faudra-t-il faire en effet pour établir, à la place de cette
végétation confuse, de cet appauvrissement successif de branches à fruit, l'ordre parfait, la vigueur, la production régulière
de grappes nombreuses et bien nourries? Il faudra, comme
sur le pêcher, rabattre, au printemps, le *sarment* qui a porté
le fruit, puisqu'il ne doit plus en donner; conserver sur la base
de ce *sarment* deux bourres, qui pousseront des bourgeons
vigoureux ornés de belles formes; vous aurez alors, toujours
comme sur le pêcher, une coursonne portant deux branches
de remplacement. L'année suivante, vous taillerez les branches de remplacement sur les deux yeux de leur base, de manière à ne pas trop allonger la coursonne, puis, lorsque, après
avoir fourni bon nombre de *sarments* fertiles, cette *cour-*

sonne aura vieilli et se trouvera trop longue, vous profiterez de l'apparition d'un œil adventif, qui se montrera toujours de temps à autre sur les rides de l'empatement, pour rabattre sur cet œil et rajeunir ainsi votre production fruitière. Toutefois je dois vous faire observer que le jeune sarment fourni par l'œil adventif ne donnera pas de grappes dès la première année, mais que, taillé l'année suivante sur deux yeux, il produira deux branches qui porteront des formes comme les autres branches de remplacement.

Taille d'hiver. — Donc, quelle que soit la forme imposée à la vigne, sa *taille d'hiver* sera toujours fondée sur les principes ci-dessus énoncés, c'est-à-dire qu'après la plantation on obtiendra, par une première section de la tige, le sarment principal qui deviendra le *cep*, qu'en rabattant ce *cep* à la hauteur convenable on aura les bras ou branches charpentières, sur lesquels on réservera successivement des *sarments* à fruit, qui deviendront des *coursonnes* avec leurs branches de remplacement. Quant au *sarment* de prolongement, il sera toujours très-long ; mais il faudra le raccourcir impitoyablement sur la troisième *bourre* à partir du vieux bois. Les deux premières *bourres* donneront des sarments destinés à devenir des *coursonnes*; la troisième poussera un bourgeon destiné à prolonger la branche charpentière.

Si la vigne est dressée en cordons horizontaux, les *coursonnes* devront toujours se trouver sur le dessus de la branche charpentière à 20 centimètres environ les unes des autres. Si vous voulez les cordons en lignes verticales, ce qui est beaucoup plus rare, vous établirez vos coursonnes de chaque côté de la branche et vous détruirez avec soin tous les bourgeons qui perceront sur le devant ou sur le derrière.

Taille d'été. — Les *opérations d'été* sont beaucoup moins compliquées pour la vigne que pour le pêcher ; elles sont au nombre de cinq.

Ébourgeonnement. — L'ébourgeonnement consiste à supprimer, 1º les *bourgeons superflus* sortis sur les coursonnes :

il suffit d'en conserver deux; 2° les *bourgeons adventifs*, sauf le cas, cependant, où l'on veut rajeunir la *coursonne* : on devra conserver alors celui qui a poussé le plus bas et plus près de son empatement.

Évrillement. — Les vrilles, lorsqu'elles naissent trop près des formes, absorbent la séve et peuvent nuire à leur accroissement; il faut les pincer à trois ou quatre millimètres de leur base. Il faut supprimer de la même manière celles qui saisissent les bourgeons voisins, parce que plus tard elles gêneraient pour le pincement et le palissage.

Pincement. — Le pincement ou taille d'été doit se faire aussitôt que les graines du raisin sont formées; car le sarment, qui pousse avec vigueur à cette époque, absorberait toute la séve, s'allongerait sans s'*aoûter*, et bientôt les grappes *couleraient* ou ne mûriraient pas. Coupez donc, avec un instrument tranchant, tous les *sarments* qui ont du fruit à 50 ou 60 centimètres de longueur, et si, au-dessous du pincement, il sort des *faux bourgeons*, pincez-les comme les sarments.

Palissage. — Quand les sarments sont pincés, il faut les palisser en leur conservant uue position verticale. Le plus ordinairement on les attache, avec du jonc, à des perches ou à des fils de fer placés parallèlement, à 50 centimètres au-dessus du cordon principal. La seule précaution à prendre dans ce travail, c'est de ne pas trop forcer les jeunes sarments pour les ramener à la position qu'on désire leur imposer; car ils sont fragiles et se détachent facilement de leur coursonne.

Effeuillement. — L'effeuillement se pratique quelques jours avant la maturité, pour découvrir les grappes trop ombragées et les exposer à l'influence de la lumière, qui les colore et leur donne de la saveur. Cet effeuillement doit être successif et très-modéré.

MULTIPLICATION. — On peut multiplier la vigne par les semis; je ne connais même pas d'autre moyen pour se procurer des variétés nouvelles. Dans ce cas, on choisit une certaine quantité de belles grappes que l'on garde le plus longtemps possible, puis, lorsqu'elles pourrissent, on sépare les pepins, que l'on sème immédiatement dans une terre légère, fertile et bien préparée. La germination s'opère facilement; mais la croissance des jeunes sujets n'est pas rapide, et ce n'est qu'au bout de plusieurs années qu'on peut connaître le résultat du semis; aussi voyons-nous peu d'horticulteurs se livrer à ce genre de culture.

On emploie généralement, pour se procurer des plants et reproduire les espèces déjà connues, des moyens plus sûrs et plus rapides.

Marcottage. — Le *marcottage simple*, qu'on appelle aussi *couchage* ou *provignement*, se pratique surtout dans les jardins pour multiplier les treilles; on réserve, à cet effet, les sarments les plus bas, que l'on enterre au printemps dans une rigole et que l'on recouvre de bon terreau. L'année suivante, on peut sevrer ces marcottes, elles sont garnies d'un épais chevelu : c'est pourquoi sans doute elles reçoivent le nom de *chevelures* ou *provins*. Il faut les replanter immédiatement, car leurs jeunes et minces racines se dessécheraient promptement, et la reprise deviendrait très-difficile.

Bouturage. — Le *bouturage par crossettes* est fort en usage dans les pépinières, où le but principal est de se procurer un grand nombre de sujets. Vous avez vu, page 42, comment on prépare et comment on plante ces sortes de boutures, je n'ai donc pas besoin d'y revenir.

TRENTIÈME LEÇON

PLANTATION DE LA VIGNE.

Plantation de la vigne. — On peut commencer cette plantation dès la mi-novembre et la continuer jusqu'en mars. Lorsqu'on plante des *chevelures*, il est bon d'opérer à la fin de l'automne; mais, si vous n'avez que des crossettes, vous ferez bien de les mettre en place au printemps, parce que, pendant l'hiver, elles auront eu le temps de faire des racines plus fortes et plus nombreuses.

Dressage et plantation des treilles.—Quand on veut dresser une treille le long d'un mur, il ne faut pas la planter immédiatement au pied de ce mur : les fondations gêneraient le libre développement de sa longue chevelure, et puis on a remarqué que, pour donner à la vigne plus de vigueur et de durée, il fallait coucher sa tige en terre sur une certaine longueur. Cette partie couchée pousse des racines à tous les nœuds, et dès lors, vous le comprendrez sans peine, la partie qui s'élance hors de terre doit en recevoir une nourriture plus abondante, une force plus grande et plus durable. En conséquence, on fait, à un mètre au moins en avant du mur, une fosse dans laquelle on place la *chevelure* ou la *crossette;* on recouvre avec du bon terreau et du fumier bien consommé, puis on rabat la tige à deux yeux au-dessus du sol. Ces deux yeux vous donneront deux sarments vigoureux que vous laisserez pousser en toute liberté.

L'année suivante, à la taille d'hiver, vous ne conserverez que le plus fort sarment, et vous le rabattrez encore sur les deux yeux les plus bas. Cette seconde taille ayant produit deux nouveaux sarments, vous supprimerez le plus faible, et c'est alors que vous coucherez le plus fort dans une rigole qui, partant du collet de la treille, ira perpendiculairement au mur; vous le couvrirez, comme il a déjà été dit, de terreau mêlé avec du fumier, de manière que son extrémité se trouvera hors de terre et sera dressée le long du mur; enfin, vous taillerez sur deux yeux comme ci-devant, et vous laisserez pousser sans rien toucher pendant toute la belle saison.

A la taille suivante, vous couperez tous les sarments, petits et gros, en réservant seulement le plus fort, qui sera destiné à former la tige de la vigne; vous le taillerez sur le troisième œil et vous le palisserez pour le conduire peu à peu, par des tailles successives, à la hauteur convenable pour former un ou deux cordons. Je dis *par des tailles successives;* car il ne faudra pas vous laisser tenter par la force et la longueur de votre première pousse, qui dès la première année pourrait atteindre le sommet du mur; vous devrez la tailler tous les ans et ne l'allonger que de 40 à 50 centimètres à chaque taille : vous serez bien dédommagé de ce retard par la force et la grosseur de votre tige principale.

Si vous supposez, au lieu d'un mur, des pieux soutenant des treillages, vous planterez les treilles à un mètre en avant de chaque pieu, et vous agirez ensuite, pour les conduire au pied des pieux, absolument de la même manière que pour les conduire au pied du mur.

<hr>

TRENTE ET UNIÈME LEÇON

FORMES DIVERSES DE LA VIGNE. — VIGNE DE GRANDE CULTURE.
NOMENCLATURE DES MEILLEURS RAISINS DE TABLE.

Formes de la vigne. — Trois formes principales peuvent être imposées à la vigne : le *cordon horizontal,* le *cordon vertical,* et les *cordons à la Thomery.*

CORDON HORIZONTAL. — Pour obtenir le *cordon horizontal,* il suffit de rabattre la tige principale sur l'œil le plus rapproché du point où vous voulez former le cordon : il sort deux sarments; car, vous le savez, sur du bois vigoureux, tout œil est double. Du reste, si les deux yeux ne se développaient pas à la fois, il suffirait de courber et de palisser le premier bourgeon pour obtenir promptement le second.

Lorsque les deux bras sont formés, on les palisse horizontalement, l'un à droite, l'autre à gauche; mais, chaque année, on les taille de manière à ne les allonger que de trois yeux, dont deux sont destinés à produire les coursonnes et le troisième à fournir le bourgeon de prolongement. La longueur des bras n'est point déterminée; je vous conseille cependant de ne pas les prolonger au delà de 3 mètres: vos coursonnes pousseront du bois plus fort, et les grappes seront plus grosses, plus fournies.

CORDON VERTICAL. — Le *cordon vertical* (grav. 36) est beaucoup

Grav. 36. — Vigne en espalier ou cordon vertical.

moins employé que le cordon horizontal; on le forme à peu près comme une palmette simple, c'est-à-dire qu'on établit les coursonnes de chaque côté de la tige principale, au fur et à mesure que cette tige s'allonge et monte verticalement vers le sommet du mur; rendue là, elle s'arrête, et les sarments se trouvent palissés à droite et à gauche dans toute la hauteur, comme sur une palmette.

Dans ce cas, on peut planter les *treilles* à 1^m,50 les unes des autres.

CORDONS A LA THOMERY. — Les *cordons à la Thomery* (grav. 37) ne sont autre chose que des cordons horizontaux disposés par

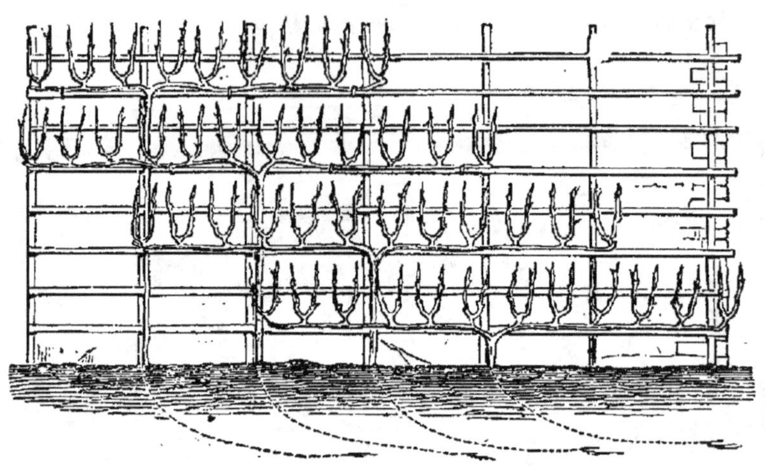

Grav. 37. — Vigne en cordons à la Thomery.

étage les uns au-desssus des autres, de manière à couvrir entièrement le mur sur lequel ils sont placés. Cette méthode fort ingénieuse a été mise en vogue par les horticulteurs d'un petit village voisin de Fontainebleau qui porte le nom de Thomery. C'est ce qui vous explique la dénomination toute naturelle de *cordons à la Thomery*. Voici, du reste, comment il faut opérer pour obtenir cette disposition :

Supposez un mur de 3 mètres de hauteur; le cordon le plus haut devant se trouver à 50 centimètres au-dessous du sommet du mur et le plus bas à 50 centimètres au-dessus du sol, vous aurez cinq cordons horizontaux. Mais chaque pied de vigne ne pouvant fournir que deux bras dont le développement total ne doit pas dépasser 2^m,66, il faudra que ces pieds soient assez nombreux et dès lors assez rapprochés les uns des autres. Quelle sera donc la distance que vous devrez laisser entre chaque pied? Une petite opération d'arithmétique va vous tirer d'embarras. Divisez la longueur des deux bras réunis, par le nombre des cordons, soit, dans notre exemple, 2^m,66 par 5, vous obtiendrez 53 centimètres, et ce résultat sera la distance cherchée. Vous planterez donc vos pieds de vigne à 53 centimètres les uns des autres.

Supposez maintenant que votre mur ait 5^m,30 de longueur, vous pourrez y placer 10 treilles : la première à 53 centimètres de la seconde; cette seconde à 53 centimètres de la troisième, et ainsi de suite jusqu'à la dernière. Vos 10 treilles une fois plantées, vous élèverez verticalement chaque tige par les tailles successives, comme il a été dit ci-dessus, et vous les rabattrez pour obtenir vos cordons de la manière suivante : la première sera rabattue à 50 centimètres du sol et formera un seul cordon de 1^m,33 de développement; la seconde sera rabattue à 1 mètre et formera 2 cordons de 1^m,33 chacun, soit 2^m,66; la troisième s'élèvera jusqu'à 1^m,50 et formera deux cordons pareils à ceux de la seconde; la quatrième s'élèvera jusqu'à 2 mètres et devra former à ce point ses deux cordons; enfin la cinquième ira jusqu'à 2^m,50 et fournira deux bras qui se trouveront à 50 centimètres en dessous du sommet du mur. Arrivés là, vous recommencerez une seconde série de tiges verticales semblable à la première, et vous aurez successivement une tige de 50 centimètres de hauteur; une tige de 1 mètre; une tige de 1^m,50; une tige de 2 mètres; et enfin une dernière tige de 2^m,50, qui ne fournira qu'un bras à 50 centimètres en dessous du sommet du mur, et sur la même ligne que les bras de la cinquième tige. Inutile de dire que, dans l'hypothèse que nous venons de poser, il faudra nécessairement allonger de quelques centimètres l'un des bras de la cinquième tige, pour compléter le cordon supérieur, et l'un des bras de la sixième tige, pour compléter le cordon inférieur.

Cordon Charmeux. — En 1828, M. Charmeux père introduisit une autre disposition plus heureuse et dont les cultivateurs de Thomery ont eux-mêmes reconnu l'avantage. Dans la première, en effet, pendant la formation des cordons, un bras de chaque tige se trouve ombragé par le bras supérieur, tandis que l'autre bras échappe à cette influence fâcheuse : dès lors il y a vigueur inégale entre les deux bras, l'équilibre de végétation est rompu. Dans le *cordon Charmeux* on a su éviter cet inconvénient. Voici comment il doit être disposé.

Prenons le même exemple. Le nombre des tiges, la distance entre les cordons superposés, la longueur des bras, l'espace entre chaque tige, seront les mêmes que pour le *cordon à la Thomery*; le *cordon Charmeux* ne différera que par l'ordre dans lequel on élèvera successivement les tiges, pour obtenir les cordons superposés : ainsi, dans le *cordon à la Thomery*, la première tige A produit le cordon inférieur, la deuxième tige B produit le second cordon, et ainsi de suite jusqu'à la tige F, qui donne le cordon supérieur, de telle façon que les tiges ont entre elles une différence égale de hauteur depuis la première, A, jusqu'à la cinquième, E. Dans le *cordon Charmeux*, au contraire, la tige A fournit le premier cordon inférieur; la seconde, B, fournit le quatrième cordon; la troisième, C, fournit le second; la quatrième, D, fournit le cinquième, et la cinquième, E, fournit le troisième; puis on recommence à la sixième tige, F, pour continuer de la même manière jusqu'à l'extrémité de la treille.

Nomenclature des meilleurs raisins de table. — *Blanc précoce de Kientsheim.* — Maturité fin d'août. Raisin précieux pour le nord de la France.

Blussard blanc. — Fin d'août. Magnifique et très-bon raisin.

Caillaba. — Août. L'un des meilleurs et l'un des plus précoces.

Chasselas blanc royal. — Août, septembre.

— *à feuilles laciniées.*

— *de Florence.* — Septembre. Variété d'un goût exquis.

— *de Fontainebleau.* — Septembre. C'est, de tous les raisins de table, le plus estimé à cause de ses excellentes qualités; il mûrit partout.

Chasselas de Montauban. — Septembre. Superbe variété mûrissant bien.

— *de Négrepont.* — Septembre. Très-beau chasselas, rose, précoce.

— *gris.* — Septembre.

— *Jalabert.* — Septembre.

— *Napoléon.* — Septembre.

— *royal rose.* — Septembre.

— *rouge.* — Septembre.

— *tokay des jardins.* — Septembre. Superbe variété.

— *violet.* — Septembre.

Corinthe blanc. — Septembre. Excellent petit raisin dont les grains sont à peine gros comme des petits pois.

De la Palestine. — Octobre. Les grappes de cette variété ont ordinairement de 25 à 30 centimètres de longueur.

Frankenthal. — Septembre. Superbe et excellent raisin noir.

Madère Vandel. — Fin d'août. Raisin musqué, très-précoce.

Mulvoisie à gros grains. — Septembre. Il exige une exposition chaude.

Marocain noir. — Octobre. Raisin superbe.

Mataro. — Octobre. Le plus gros de tous les raisins.

Muscat bifère. — Septembre. Excellente espèce, mûrissant très-bien [1].

Muscat blanc. — Septembre.

Muscat de Berkeim. — Septembre.

— *de Portugal.* — Septembre.

— *de Rivesaltes.* — Octobre.

— *tokai musqué.* — Octobre.

— *gris.* — Octobre.

— *noir.* — Octobre.

— *noir d'Espagne.* — Octobre.

— *précoce du Puy-de-Dôme.* — Septembre. Espèce très-estimée.

[1] Tous les muscats exigent une exposition chaude et mûrissent mal dans le nord de la France.

Muscat de Saumur. — Septembre. Variété excellente, mûrissant toujours bien.

NOUVEAUTÉS. — *Angers noir hâtif.* — Août.

Chasselas Duhamel. — Août.

Impérial. — Août.

Madeleine royale. — Août.

Muscat Saint-Laurent. — Août.

Némorin. — Septembre.

Saint-Louis. — Septembre.

Vigne de grande culture. — Tout ce que je vous ai dit précédemment, mes chers amis, s'applique à la conduite et à la forme des treilles cultivées dans nos vergers et nos jardins; je veux maintenant vous dire quelques mots de la vigne considérée comme arbrisseau de grande culture et spécialement cultivée pour la fabrication du vin.

PLANTATION. — Les plantations se font en mars, soit avec des plants enracinés, soit avec des *crossettes,* dans des trous ou dans des tranchées de 20 à 30 centimètres de profondeur. Le terrain, une fois planté, doit être bêché et tenu constamment propre. La taille varie suivant les pays. Dans le Poitou, la Saintonge, l'Aunis, etc., on ne laisse à la tige qu'une hauteur de 8 à 10 décimètres, on rabat chaque année cette tige sur les branches les plus basses et l'on taille ces branches à un ou deux yeux. Dans le centre et dans le nord de la France, on ne laisse qu'une souche de 2 décimètres, sur laquelle on conserve trois ou quatre branches que l'on taille à trois yeux, puis, lorsque ces yeux ont poussé des bourgeons, on les réunit au fur et à mesure de leur accroissement autour d'un piquet qu'on nomme échalas. Enfin, dans certaines contrées, les vignerons laissent sur la souche trois ou quatre branches, qu'ils se contentent de raccourcir légèrement et qu'ils piquent en terre en les courbant en forme d'*arçon.* C'est ainsi que sont conduites la plupart des vignes des départements de la Vienne et des Deux-Sèvres.

FAÇONS. — Les différents labours qu'exigent les vignes se

nomment *façons*. Dans nos pays on donne ordinairement trois *façons*. La première a lieu pendant l'hiver : elle consiste à dégarnir chaque cep et à relever la terre en sillons dans l'intervalle des rangées; la seconde se donne au mois de mars : on retourne les sillons et on détruit les herbes qui commencent à pousser, c'est ce qu'on appelle *repasser;* enfin, au mois de mai, on rabat les sillons, on brise les mottes et l'on remet à plat. Dans certains pays on donne, à la fin de juin, une quatrième façon qu'on nomme *binure :* elle a pour but d'enlever les herbes et de nettoyer le terrain.

FUMURE.—Il faut, tous les cinq ou six ans, fumer les vignes. Cette opération se fait lorsqu'elles sont dégarnies; on met alors une couche de fumier au pied de chaque cep, on recouvre avec un peu de terre, et, lorsque vient le moment de remettre à plat, on achève de recouvrir cet engrais, qui ne produit son effet qu'au bout de la seconde année.

TRENTE-DEUXIÈME LEÇON

LA MALADIE DE LA VIGNE.

Maladie de la vigne. — Vous avez tous entendu parler, mes enfants, de cette désolante maladie qui, chaque année, vers la fin de mai ou le commencement de juin, envahit nos vignobles et s'étend même jusque sur les treilles des jardins. Une poussière blanche couvre d'abord les pampres et les raisins, puis cette poussière devient plus épaisse, noircit, entoure la graine, qu'elle empêche de grossir et qu'elle fait fendre. Toutes les grappes ainsi attaquées sont perdues.

Les savants n'ont pas manqué d'observer, d'étudier ce phénomène pour en connaître la cause. Enfin, après bien des recherches, on est à peu près d'accord aujourd'hui pour affirmer que ce mal si redoutable est absolument *externe* et qu'il tient uniquement à la présence d'un végétal parasite auquel on a donné le nom d'*oïdium turkeri*. Les semences de ce végétal, sorte de champignon microscopique, sont transportées dans l'air à des distances considérables, et, si quelques-unes se fixent sur un raisin, la reproduction, la multiplication en est si prompte, qu'en moins de quinze jours toute la treille en·est couverte. Je ne crois donc pas, en présence de ces faits bien établis, qu'on puisse admettre l'idée d'une dégénérescence de la vigne, d'une maladie interne du cep. L'affection est, à mon avis, extérieure et accidentelle.

Il suit de là que de tous les moyens proposés comme préservatifs ou curatifs, ceux qui attaquent directement le parasite et tendent à le contrarier, à le détruire, me paraissent les plus rationnels.

On a fait bien des essais depuis sept ou huit ans en France comme en Angleterre; mais, je me hâte de le dire avec MM. Dubreuil, Charmeux et beaucoup d'autres arboriculteurs distingués, un seul a donné des résultats irréprochables : le soufre en poudre est aujourd'hui reconnu comme le meilleur spécifique, le véritable remède à opposer à l'*oïdium*. On répand cette substance, appelée dans le commerce *fleur de soufre*, à l'aide d'une houppe en coton ou, mieux, avec un soufflet à la douille duquel est adapté un petit réservoir muni d'une pomme percée de petits trous; on remplit le réservoir de fleur de soufre, puis on fait agir le soufflet, qui chasse la matière par les trous de de la pomme et la répand uniformément sur les parties malades.

Les praticiens conseillent de soufrer trois fois. La première opération doit avoir lieu entre le 15 mai et le 15 juin; la seconde, après la floraison, lorsque le grain est gros comme du plomb de chasse, et la troisième quand les graines ont acquis la grosseur des petits pois.

Il faut tâcher d'opérer par un temps sec et chaud. S'il venait à pleuvoir le jour même ou le lendemain du soufrage, il serait indispensable de recommencer l'opération, parce que, la pluie ayant lavé les raisins, et, par conséquent, entraîné la fleur de soufre, l'effet serait nul.

Je ne saurais trop vous engager à propager, à pratiquer vous-mêmes ce moyen bien simple, dont l'efficacité est reconnue désormais par tous les hommes éclairés.

Voilà, mes chers enfants, ce que j'avais à vous dire sur la culture, la conduite et la taille des arbres fruitiers.

J'ai résumé pour vous, dans ce petit livre, toutes les notions élémentaires, tous les principes généraux que j'ai pu recueillir dans les meilleurs traités sur cette importante matière. Si plus tard, encouragés par vos premiers essais, vous sentez se développer en vous l'honnête et douce passion de l'horticulture, si vous voulez acquérir des connaissances plus étendues, plus complètes, consultez les ouvrages où j'ai puisé moi-même; étudiez : 1° les instructions sur la *Conduite des arbres fruitiers*, par M. Dubreuil; 2° le *Cours de taille* de M. Dalbret; 3° celui de M. Lepère pour la *taille du pêcher*; 4° la *Pomone française*, par M. le comte Lellieur, et 5° le V⁰ volume de la *Maison rustique*.

FIN DE LA SECONDE ANNÉE

TABLE DES MATIÈRES

SECONDE PARTIE

FIN DE LA TABLE

PARIS. — IMP. SIMON RAÇON ET COMP., RUE D'ERFURTH, 1.

EXTRAIT DU CATALOGUE DE LA LIBRAIRIE AGRICOLE

Boncenne, F.
Cours élémentaires d'horticulture
Tome 2

* 2 8 5 7 9 *